放下执念

从童年缺憾中找回完整的自我

周司丽 著

图书在版编目（CIP）数据

放下执念：从童年缺憾中找回完整的自我 / 周司丽著. -- 南京：江苏凤凰文艺出版社，2024.8
ISBN 978-7-5594-8493-2

Ⅰ. ①放… Ⅱ. ①周… Ⅲ. ①成功心理－通俗读物 Ⅳ. ①B848.4-49

中国国家版本馆CIP数据核字(2024)第044090号

放下执念 ：从童年缺憾中找回完整的自我

周司丽　著

责任编辑	项雷达
图书策划	刘丹羽
装帧设计	仙境设计
出版发行	江苏凤凰文艺出版社
	南京市中央路165号，邮编：210009
网　　址	http://www.jswenyi.com
印　　刷	唐山富达印务有限公司
开　　本	880毫米×1230毫米　1/32
印　　张	7.75
字　　数	135千字
版　　次	2024年8月第1版
印　　次	2024年8月第1次印刷
书　　号	ISBN 978-7-5594-8493-2
定　　价	49.80元

江苏凤凰文艺版图书凡印刷、装订错误，可向出版社调换，联系电话025-83280257

序：跳出"重复"，重写人生

在正式成为一名心理咨询工作者前，和很多人一样，我过着看起来很快乐的生活：我有情投意合的男友（后来也成了我的先生），良好的教育背景，还算支持和理解我的父母，体面的工作，还有几位关系不错的朋友。但每每生活遇到困境、情绪波动时，我的内在都会有一个声音跳出来：是不是纵使我已万般努力，最终还是会一事无成、孤独终老、遗憾离世呢？特别是每次和家人产生激烈的冲突后，我常常会陷入深深的无力与绝望，不知道自己是否还有活着的意义。又有时候，我会不可遏制地暴怒，但暴怒过后依旧存留挥之不去的心伤。我总是渴望获得全然的爱与重视，但又似乎总是"求而不得"：是不是即使我结婚了，也总有一天会因为无法继续相爱而分手？是不是就算我获得了博士学位，但在别人眼中还是那么无知？是不是即使我很爱我的父母，但他们永远也无法真正爱我、理解我？……每当生活遇到困境，我便掉入相同的黑洞。在那个黑洞中，我感到自己不重要，无法获得爱，一生都不能得到自己最想要的东西。慢慢地，我发现在我美好人生的外衣下，是暗淡凄凉的人生底色。

这一切的最终改变发生于2015年至2018年间。虽然我之前一直在进行心理学的专业学习和实践，但看到的似乎总是自己的不同侧面，而非全貌。随着知识的积累和人生阅历的加深，我于2015年第二次翻译了沟通分析理论创始人艾瑞克·伯恩的经典著作《人生脚本》。这一次，我终于理解了脚本的含义，也终于看清了自己的人生戏剧——在我的内心深处，海的女儿小美人鱼的命运原来就是我的人生结局！我突然明白，这些年来，我一直都在努力避免自己的一切化为泡沫，但又担心冥冥中还是难逃厄运。这个黑洞终于清晰地展现在我的眼前了——当一切都还顺利时，生活似乎明亮而充满了希望，但脚本一旦被触发，我便会掉入"黑洞"，开启痛苦而悲惨的戏码。

看到，便有改变的可能。随着进一步的学习和练习，我的人生戏剧获得了彻底的改写。我不再是那个全心付出、等待被爱，最终却眼睁睁看着心爱之人娶了别的公主，而自己只能化为泡沫的可怜又卑微的人鱼。我开始看到父母虽然有很多不足，但比想象中更加爱我、珍惜我，而且具有非常多值得我学习的宝贵品质。我开始看到我和先生虽然有很多激烈的冲突，但我们一直在不断调整自己、包容对方。我不再担忧我们是否无法走到最后，而是踏实地确认我们可以相互合作，一起创造更美好的生活。我也开始理解曾经我自以为被残忍抛弃的恋爱，不过是双方年少、不懂沟通造成误会的产物。我开始在朋友面前不做任何伪装，完全真实地呈现自己。我开始看到我拥有很多支持和爱，拥有很多知识和能力，可以尝试很多挑战，并可以向他人传递爱及有价值的东西。我不再害怕自己最终会一无所有，我知道自己已经并将继续拥有我想要的一切。

理解并改写自己脚本的同时，我也在用相同的知识帮助来访者。我看到，经常想结束生命的人，找到了活着的方式与意义；不敢信任和迈向亲密关系的人，建立了亲密的友谊和恋爱关系；总是觉得自己的学业和事业不太成功的人，获得了满意的学业和事业发展；做着自己不喜欢的工作但又不敢辞职的人，勇敢尊重了内心，开始了全新的生活；总在讨好他人、漠视自己的人，开始重视自己的情感和需求……

如果你在生活中也经常感觉自己在重复某种不幸的遭遇或体验，或者经常感觉自己会掉入某种熟悉的情绪黑洞，那么，是时候检视一下你的人生脚本了。很多时候，我们会把这些不愉快的遭遇归结为不可控的悲惨命运,但往往它们只是小时候的我们为自己选择了某出人生戏剧的结果。

人生脚本的理论复杂而深厚,为了帮助大家更好地理解脚本理论,读懂自己的脚本并能够在生活中加以应用、做出改变,本书设计了三个篇章的内容:第一章,我将带领你认识人生脚本的核心概念,觉察自己的人生脚本中的关键要素。第二章,我将帮助你探索在你的人生脚本发展过程中,哪些关键力量被破坏掉了,从而使你无法为自己写出成功和满足的人生脚本。同时,我也会设计一些活动,邀请你在日常生活中加以练习,找回这些力量。第三章,我将介绍重写脚本的过程与必备技能,同时仍会邀请你加以练习。每个人的脚本都自成一个体系,改变脚本也属于系统工程。因此,我建议你按照从前到后的顺序完整阅读本书。这样,也许你会对自己的脚本及如何改写脚本形成更为完整的认识。

在第二章和第三章每一节的最后,都附有优秀的学员作业。本书共有16位学员愿意与大家分享他们的内心世界。他们深入的思考、真挚的情感、精彩的故事与巨大的勇气,深深打动了我!希望你也能从他们的分享中获得共鸣。

人的改变不会一蹴而就,但没有开始,就永远没有抵达。愿本书能帮你跳出"黑洞",成为你真正从内在过上自由、满足、踏实而幸福的生活助力。感谢你愿意阅读本书,在大大的世界，能够通过文字与你相遇，我感到无比荣幸。如果能给你带来一些启发和力量，我将分外开心！

周司丽

2022年6月于北京

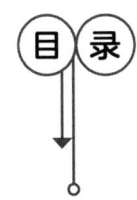

第一章
人生是一场戏剧,每个人都有自己的剧情

第一节　潜意识中的"脚本"裹挟了你 / 003
第二节　以脚本结局为导向,停止自我设限 / 008
第三节　打破脚本中的禁令,治愈童年创伤 / 013
第四节　放下驱力,从执念中跳出来 / 025
第五节　赢家思维:做好自己,尊重他人 / 032

第二章
找回遗失的内在力量

第一节　停止枯竭,积累"存在力" / 042
第二节　远离拖延,释放"行动力" / 055
第三节　摆脱迷茫,重启"思考力" / 068

第四节　认清自我，找回"认同力" / 084
第五节　成为高手，掌握"精熟力" / 097
第六节　整合自我，重获"吸引力" / 118

第三章
放下执念，创造全新的人生脚本

第一节　滋养自我，与头脑中负面的声音说再见 / 138
第二节　允许自己接受安抚，修补内心的"破洞" / 154
第三节　理解被动的内在机制，主动寻求改变 / 168
第四节　慷慨给予安抚，创造良好的关系氛围 / 184
第五节　发现优势，利用优势，实现自我重塑 / 197
第六节　走出情绪黑洞，区分脚本世界与现实世界 / 213
第七节　重视微小的改变，做新脚本的创作者 / 225

第一章

人生是一场戏剧,每个人都有自己的剧情

人们常说"人生如戏"。我们每个人都有自己的人生戏剧，有的人的戏剧很精彩，有的人的戏剧很枯燥，有的人的戏剧很悲凉……每个人的人生戏剧不同，在生活中经历的事件和体验就不同。关于人生戏剧，存在一个问题：人究竟是在生命结束时，才完成剧本的书写，还是剧本其实早已写好，生命如何结束，只是剧本的一部分？

第一节　潜意识中的"脚本"裹挟了你

艾瑞克·伯恩提出了"人生脚本"的概念，用以反映每个人早已写好的人生剧本[①]。他说：每个人在幼年时就决定了自己将如何生活，如何死去。无论走到哪里，他都会在头脑中把这个计划带到哪里，这就是所谓的脚本。伯恩提出，每个人在六岁左右，就已经对自己会有怎样的人生做出了决定：孩子最初都想长命百岁或获得永恒的爱，但生命头五六年发生的一些事可能让他改变主意。他可能决定要早早死去或不再冒险爱任何人。做这些决定时，他的经验非常有限，然而，这些决定对那时的他却非常合适。或者，他也可能从父母那里学到并决定，生活与爱充满冒险却非常值得。一旦做出决定，他便知道自己是谁，并开始带着"像我这样的人身上会发生

[①] ［美］艾瑞克·伯恩：《人生脚本：改写命运、走向治愈的人际沟通分析》，周司丽译，中国轻工业出版社2021年版，第32页，第132页。

什么"的眼光看世界。他知道自己理应得到什么结局。

六岁左右，脚本便已形成；那时，我们就知道了自己是谁。听到这种说法，你是不是非常惊讶？你可能会存疑，那么小的我们真的可以做出决定吗？如果你不确定这些问题的答案，我想，可能是因为你早已忘记自己六岁及六岁之前面对成人世界的感觉了。接下来，就让我带你模拟还原当时的情景吧。

六岁的你身高大约1.15米，体重大约20千克。那时，大人的身高至少是你的1.3倍，体重至少是你的2倍。假如此刻的你就是六岁的你，不论男女，我们取平均身高1.65米，平均体重60千克。那么，大人对你而言，就是一个身高至少为2.15米，体重至少为120公斤的"巨人"。再具体一点来说，现在的你每天都要和一群高度差不多达到天花板、身型魁梧的庞然大物一起生活。抬头看看屋顶，想象一下，面对这样的巨人，你有什么感觉呢？如果你只有两三岁，身边的大人看起来则更为巨大。这些巨人对你微笑，表示喜欢；还是对你皱眉，表示不耐烦；或是对你大声吼叫，甚至要伸手打你，你的内心肯定会产生不同的感受与想法。

假如巨人们特别喜欢你，他们倾听你、保护你，你可能会觉得自己是个特别棒的人，觉得自己特别有力量。你可能敢于做自己或与对他们对抗，因为你知道他们爱你、接受你、不会伤害你。但假如这些巨人讨厌你,你可能最好低调行事,乖乖听话,不去制造麻烦,以免遭受惩罚,甚至是灭顶之灾。因为力量绝对悬殊,孩子为了生存下去,必须尽早且尽可能地了解这些巨人,从而找到自己的生存策略。生存策略一旦确定,脚本也便初步形成。之后,孩子就会带着他们发现的生存策略继续生活。

/ 案例 /

小林是一位男士,已经四十几岁,在事业上发展得很成功,但内心一直都非常惧怕与权威发生冲突。面对权威时,他总是毕恭毕敬,不敢表现出半点质疑。他有一个非常严苛的母亲,从小母亲就是家里的权威,任何人只要有不符合母亲的要求与期待的言行,都会受到强烈抨击。他也看到母亲对父亲表达不满时,两人经常发生激烈的冲突,甚至大打出手。他很小的时候就发现,在家中最好的生存策略就是放弃自己的主张与想法,顺从与讨好母亲。他常常因为很乖、不用大人操心、表现良好等受到母亲夸奖。成年后,因为他的服从与执行能力强,在事业上得到了认可与晋升,后来独立负责一个部门的工作。但随着时间推移,他经常感觉自己缺少了某些东西,经常感到内心的压抑。比如,部门间因为资源问题产生矛盾时,他很少能像其他负责人那样据理力争,而总是不由自主地妥协退让。部分下属对他温吞的做法也暗示过不满。他对自己的否定感越来越强,焦虑、抑郁、烦躁和屈辱的感觉也逐渐增多。

案例中的这位男士小林年幼在面对"强大"的母亲时,聪明地发现顺从与满足他人的期待是他在家中最好的生存策略。这种生存策略在他承担下属的工作时,的确让他受益。但当他成为部门领导时,这种策略便行不通了。陈旧的生存策略存在于人们的潜意识中,缺乏灵活性,无法适应不断变化的环境要求。当过去的生存策略已经不再奏效,但一个人仍旧固守这种生存策略,无法做出其他选择时,我们就会说,他卡在脚本中了。

对于小林来说,他其实早已成长为一个独立的大人,完全有资格、有能力与其他成人抗衡。可是,在他的脚本中,他一直都是那个乖乖服从的小男孩。那些"巨人"的影像仍旧留在他内心的深处:他是弱小的,别人是强大的。他完全不敢挑战与忤逆他们。工作环境与要求的变化,向他的脚本发出了挑战:小男孩做好准备成长为拥有并能够维护自己的想法与主张的成人了吗?

如果人们能够开始认识自己潜意识中的脚本,就有机会看清自己小时候的生存策略，检视它们在当下生活中的适用性，并有机会开始学习新策略。否则，人们就可能一边哀叹生活中的不幸，一边紧抱旧的生存策略不放，受困在脚本的束缚中。

第二节　以脚本结局为导向，停止自我设限

我们可以怎样探索自己的人生脚本呢？人生脚本是一个非常厚重的概念，因此，脚本分析可以从很多方面进行。在实践中，比较简便易行的方法是把一个人的脚本看作一场有开端、有剧情发展以及有结局的戏剧，并探索其中包含的脚本结局、禁止信息和驱力。本节讨论脚本结局。

脚本结局可以直接反映出一个人内心深处对于自身命运的信念：我这一生是幸得所愿，还是终为一场空……

在脚本分析中，一共包含三类结局，用通俗的语言，分别称为赢家、输家和非赢家（不输不赢的人，有时也叫平庸者）。

脚本中的赢家并不是我们在世俗意义上所说的一个挣了很多钱或拥有很高社会地位的人，而是指从长远的角度打算做某事且确实做到了的人。换句话说，从长远的角度来看，一个人只要实现了自己对自己的期待和承诺，就是人生戏剧中的赢家。输家是计划做某事，但完全没有做到的人。非赢

家是部分做到的人，他们的典型用语是"至少"，例如，至少我做到了什么，至少我拥有了什么。假如一个人想获得博士学位，通过长期努力，他确实做到了，并为自己的成就感到满足，那么，他就是脚本赢家。假如他希望获得博士学位，但最终获得了硕士学位，那么他就是非赢家。虽然他没有获得自己最想实现的成就，但"至少"还有硕士学位。而输家则可能连大学也没有考上，或者考上了也没有顺利毕业。再比如，一个人打算在40岁前攒下30万元。如果他通过努力，最终做到了，那么他就是脚本赢家；如果他部分做到了，比如攒了20万，就是非赢家；而完全没有任何积蓄，甚至还负债累累的人，就是脚本中的输家。

现在，你可以回顾一下自己过去的人生发展，想一想自己在学业、事业、婚姻、爱情或健康等各个方面的情况。如果总体来说，你觉得自己是达成所愿的、满足的，那么，你非常有可能拥有赢家脚本；如果你觉得自己过得还凑合，说不满足但也有一部分满足了，说满足但又不那么满足，那么，你非常可能拥有非赢家脚本；但假如你觉得自己在任何方面都一事无成，没有任何满足感，那么则可能拥有输家脚本。通常来说，如果一个人感觉自己的发展受到了局限，生活总是不太理想，很有可能是受到了非赢家或输家脚本的影响。

我想再次强调，脚本上的赢家和输家，与世俗意义上的赢家和输家不同。一个人赚了很多钱或拥有很高的社会地位，不代表他就是脚本上的赢家。一个非常普通的人过着非常普通的生活，也不代表他就是脚本上的输家。从外在来看，我们觉得一个人事业有成，光鲜亮丽，是"人生赢家"，不代表他在内心对自己和生活是满足的。例如，小米公司的创始人雷军在《鲁健访谈》节目中提到自己在40岁时觉得自己"一事无成"，很多人都无法理解。人们认为他赚了很多钱，所以骂他"装"，但他坚持说自己就是这种感觉。如果从脚本的视角来看，这其实非常容易理解。他的梦想是创立一家伟大的、能够改变世界的公司，但当时小米还未成立，虽然赚了很多钱，但他期待的目标并未实现。因此，从内在感受上，当时的他觉得自己是挫败的。相反，一个普通小人物的期待就是依靠自己的劳动养活自己，最终他达成所愿并感到非常满足。虽然他的人生并没有取得所谓的光彩夺目的成就，但他是脚本中的赢家。脚本正是如此，与外在现实无关，而关乎内在感受。下面，我们来看一个案例。

/ 案例 /

　　小清是一个年轻的女孩，出生在一个小城市，从小寄宿在爷爷奶奶家。她家的经济条件不好，和周围的亲戚相比，她总是感觉低人一等。她的母亲总是抱怨父亲没本事，她在爷爷奶奶家总感觉抬不起头来。她心想，总有一天，自己会通过自己的努力，衣锦还乡，让亲戚看到她过得都比谁都好。

经过十几年的努力，她进入了一线城市的一家事业单位工作，还嫁给了一个很爱她的丈夫。两人经过打拼，极大改善了生活条件，在一线城市买了几套房、几辆车，经济方面绰绰有余。

也许你会认为，她现在终于可以扬眉吐气，过上幸福的生活了。但令人意想不到的是，这个女孩仍旧觉得自己不够富有，还是舍不得花钱给自己买漂亮的衣服，舍不得出去旅行，舍不得住优质一点的酒店。她内心仍旧常常觉得自己不够好，比不上别人，生活充满了阴霾感。

为什么小清的生活条件明明变得非常好了，可她还是感觉那么糟糕呢？这正是因为她仍旧生活在低人一等、自己不够好、无法感受成功和满足的"输家"脚本中。如果心理和情感层面的输家脚本不发生改变，外在环境无论发生多大变化，她内在的感受都不会发生本质的改变。这就好像有些富人，明明已经拥有了很多财富，但仍旧感觉自己很穷。在真正贫穷时，他可能因为自己没有一部好手机而感觉不好；在达到小康时，他可能因为没有一辆好车而感觉不好；而在非常富有时，他可能因为没有像某些人一样拥有一架私人飞机而感觉不好……无论真实的生活怎样改善，只要他生活在自己的贫穷脚本中，就永远只会盯着自己没有的东西，感受着自卑和不满足。我们总以为一只自卑的丑小鸭通过努力最终一定会变成美丽自信的白天鹅。这其实只是人们的一种美好想象。真实的情况是，一只习惯了自卑的丑小鸭如果没有改写脚本，长大后，即使它变成了外貌美丽的白天鹅，但在它的内心，也只是变得稍微好看了一点儿的丑小鸭而已！

因此，看清脚本结局非常重要。它帮助我们直视自己是在以满足的方式过人生，还是以凑合的或令人失望的方式过人生。

第三节　打破脚本中的禁令，治愈童年创伤

　　脚本中的非赢家和输家是如何形成的呢？非赢家和输家脚本与脚本中的禁止信息是紧密联系在一起的。禁止信息是孩子在成长过程中，从父母或他重要他人那里感知到的禁令。例如，有的父母总是抱怨养育孩子非常辛苦，或者要不是因为生了孩子，他们就会有怎样好的事业发展或婚姻发展。那么，孩子就会认为自己是个负担，并且相信只要自己不存在，父母的生活就会变得更好、更轻松。于是，孩子依据自己感知到的信息，在脚本中形成了"不要存在"的禁令。他们常常会因为自己拖累了别人而深陷内疚、痛苦的情绪旋涡，感受不到自己的价值，并且常常想要甚或试图结束自己的生命。他们需要耗费很大的能量才能维持"活着"的状态，带有满足感和成就感地活着对他们来说似乎非常遥远。

　　再比如，有的孩子在成长的过程中，父母总是很忙，他们很少关注孩子的需要和感受，很少询问他们的意见，也不

会特意为他们庆祝生日或节日，慢慢地，孩子就会感知到"不要重要"的禁止信息。他们在家中很少表达自己，进入学校或单位后，也会觉得自己的想法和需求是不重要的。他们表达得越少，别人就越难感受到他们的存在，久而久之，他们就真的更加容易受到忽视，越来越边缘化，变得越来越不重要。这种情况下，他们也很难过上充实、满足和有成就感的生活。

艾瑞克·伯恩的学生鲍勃·古尔丁和玛丽·古尔丁夫妇根据他们的临床工作，提出了在脚本中最常见的12种禁止信息。分别是：（1）不要存在；（2）不要重要；（3）不要健康；（4）不要亲密；（5）不要归属；（6）不要成功；（7）不要做自己；（8）不要思考；（9）不要感受；（10）不要行动；（11）不要长大；（12）不要做小孩。[1]

请在下文查看这12条禁止信息的详细解释，并思考在你的人生脚本中，是否受到了这些禁止信息的局限呢？

12种禁止信息

（1）不要存在

含义：感觉自己的存在没有价值，不值得活着。

---

[1] Robert Goulding & Mary Goulding, Injunctions, Decisions, and Redecisions, Transactional Analysis Journal, 1976 (6):1, 41–48.

产生背景：当父母处于自己的"儿童自我"状态时，会感到疲惫，对孩子不耐烦，觉得孩子给自己带来了压力和麻烦，从而排斥孩子。例如，母亲意外怀孕，不得不生下孩子，虽然会照顾孩子，但是很少从情感上接受孩子，甚至抗拒孩子；父亲的"儿童自我"觉得孩子出生后抢夺了妻子对自己的爱，孩子一出现就感到烦躁、愤怒，孩子不出现就感到放松等。

人生缩影：无价值感、不配得感。渴望全然被爱、被接受，但感觉不可得。容易做出自我伤害的举动，有自杀的想法，严重时会有自杀行为。

情绪黑洞：不顺利时，会反复感到抑郁、无价值感，想结束生命。

（2）不要重要

含义：可以活着，但不要体现出自己的重要性，例如不要表达个人的需求与情感、不要发表个人意见、不要惹麻烦，安静顺从地待着就好。

产生背景：父母常忙于处理个人的事情（例如，父母自身遇到了很大的生活困境，或者父母忙于自己感兴趣的事情，或者父母陷入婚姻危机，或者父母过度恩爱等）而无暇照顾孩子的需求。

人生缩影：安静、自卑，在群体中不喜欢发表个人意见或被过分关注。拍照时不愿站在 C 位，常站在边缘，不愿意背负责任，被要求承担某种领导职责时，感觉紧张，无从下手，倾向于拒绝承担更为重要的责任或角色。遇到困难时，倾向于默默承受；不擅长维护自己和据理力争；或者也可能反过来，过度要求被关注、被重视。

情绪黑洞：遇到冲突时，会反复感到"我好可怜，没有人真正重视、关心我的想法、感受和需求"。

（3）不要健康

含义：只有生病（身体不健康）或者发疯（精神不健康）时，才能得到他人的关注或者对他人产生影响力。

产生背景：父母在通常情况下对孩子的关注很少，但孩子生病或发疯时，就会得到关注和安慰。或者在生病或发疯的情况下，能够得到特权。

人生缩影：生活缺乏活力，身体总是出现各种毛病，常年服用药物；或者总是感觉痛苦、挣扎，在别人看来"很不正常"。可能通过生病、受伤或者情绪失控博取同情和获得特权。

情绪黑洞：总是反复陷入"我的身体又出问题了、我的情绪又崩溃了"的困境里。

（4）不要亲密

含义：既可能指不要拥有身体层面的亲密，也可能指不要拥有情感层面的亲密。前者很难与他人进行身体接触，如牵手、拥抱等；后者很难与他人分享自己的情感世界。

产生背景：家庭成员的关系比较疏离，或者不习惯进行身体接触与情感表达。

人生缩影：很少和家人谈心，也很少与他人诉说自己真正的感受与想法，总感觉与他人存在距离，即使在伴侣关系中也是如此。感觉缺乏真正的朋友，没有真正懂自己、接纳自己的人。无法自然地进行身体接触，感觉不自在。

情绪黑洞：总是感到孤独、与他人有距离感、不敢真实地靠近。

（5）不要归属

含义：感觉自己不属于任何组织或集体，总觉得自己与他人不一样。

产生背景：父母经常强调孩子与家里的其他人或者别的孩子不一样，强调孩子的特殊性。或者小时候经常搬家，孩子感觉如果完全投入一份关系，分离将会非常痛苦，因此内心不会对任何集体产生认同。另外，如果父母自身缺乏归属感，也会通过语言或行为表现，向孩子传递缺乏归属的信息。

人生缩影：喜欢单枪匹马，不喜欢团体活动，无法完全融入集体或职场中，与他人有隔阂感，经常处于集体的边缘。内心经常有"不知何处是我家"的困惑感。

情绪黑洞：对他人对待自己的方式敏感，总感觉被孤立和被区别对待，或者总感觉自己和身边的人不一样。

（6）不要成功

含义：无法成功做到自己想做的事，或者即使做到，内心也无法产生喜悦和满足感。

产生背景：很多原因会导致孩子获得"不要成功"的禁止信息，例如，父母在指导、帮助孩子的过程中产生价值感和满足感。因此，孩子通过不成功让父母感觉良好；或者父母担心孩子会因为成功远离自己，或者因为成功而遇到危险等。

人生缩影：常常觉得自己很差劲，做不好事情，或者比不过别人。平时很努力，但一到关键的考试或处理人生事件就会失败。即使达成了目标，也不会体验到强烈的成就感和满足感，会认为自己取得的成绩微不足道，不值得喜悦。

情绪黑洞：经常感到失败、挫折、沮丧，自己差极了。

（7）不要做自己

含义：自己原本的、真实的样子不能被接受，其中包括性别，例如家人不能接受自己的女性身份或男性身份。

产生背景：当父母期待生男孩却生出女孩时，以养育男孩的方式养育这个女孩；或者相反，父母期待生女孩却生出男孩，于是以养育女孩的方式养育男孩。例如，给孩子起与性别不符的名字，称呼儿子为"闺女"，称呼女儿为"儿子"；给女孩剃平头，给男孩穿裙子等。另外，如果父母总是艳羡"别人家的孩子"，期待孩子以某种不符合自己风格与特质的方式表现，也有可能传递这种禁止信息。

人生缩影：经常不由自主地考虑别人期待自己表现出什么样子；经常有"不对劲"的感觉，好像没有表现出真实的自己。有不要做自己的性别的禁止信息时，会对表现出与自己的性别相一致的行为感到难堪。

情绪黑洞：不敢表现真实的自己，讨好他人，由此常感觉委屈和疲惫。

（8）不要思考

含义：不要拥有独立的思想。

形成背景：父母认为自己更有经验，不希望孩子犯错或走弯路，因此常常代替孩子思考或轻视孩子的思考，不允许孩子在试错中学习。

人生缩影：对各种事物缺乏独立而清晰的认知，思维刻板。遇事喜欢随大流，缺乏开放性、创新性。即使生活和工作中长期存在问题，也很难进行反思与改变。

情绪黑洞：迷茫，不知道自己想要什么或者应该追求什么，也常常因自己没有做出良好决策而感到遗憾、后悔。

（9）不要感受

含义：不要觉察自己的身体感觉，或者不要体验或表达某种特定的情绪。

形成背景：父母不允许孩子按照自己的身体感觉行事，例如，孩子已经吃饱了，但是父母坚持认为孩子没有吃饱，要求再吃；孩子觉得不冷，父母要求孩子必须多穿衣服，长此以往，孩子就会与自己的身体感觉失联。另外，每个家庭都有自己的情绪规则，例如，有的家庭不允许愤怒，有的家庭不允许恐惧，之后孩子就会形成不要感受愤怒或者不要感受恐惧的禁止信息。

人生缩影：对自己的身体感觉不敏感，容易感到麻木和情感压抑（或者容易压抑某种特定情绪）。常感到冷漠或不为所动，不会痛哭流涕，也不会勃然大怒，声音缺乏抑扬顿挫，不轻易流露情绪（或者某种特定情绪）。

情绪黑洞：麻木、压抑，提不起兴趣。或者过度表现出家庭允许的情绪，压抑禁止的情绪，例如总是微笑，而不能流露伤心。

（10）不要行动

含义：可以去思考、去感受，但是不要采取行动。行动是危险的，因此，什么都不做最安全。

形成背景：容易发生在父母过度保护或者父母太忙没有

精力陪伴孩子探索的家庭中。例如，孩子想探索世界，但父母担心孩子遭遇危险，阻断孩子的探索。或者，父母忙于工作或家务，把孩子局限在缺乏可探索事物的地方，让其长时间安全地待着以避免发生危险。久而久之，孩子就会感到什么都不做最安全。

人生缩影：做事缺乏积极主动性，或者总是做熟悉的事，缺乏好奇心和探索欲。做事犹豫，对现状不满，却很难付诸行动让自己有所改变。例如，在职场上或生活中有很好的想法，却难以采取行动予以落实。

情绪黑洞：恐惧、担忧、疲惫、思前想后，不敢前进，放弃时可能感到释然。

（11）不要长大

含义：不要成长为青少年，不要成长为成年人，保持小孩子的状态。

形成背景：当孩子维持小男孩或小女孩的状态时，父母就会感到孩子是可爱的，是能够与之亲密的。父母希望孩子成为家庭的开心果或者被自己照顾的对象，从而避免自己感到无聊或缺乏价值感。

人生缩影：即使已经成年，但是说话、做事、穿着打扮等仍旧表现出幼稚的状态。不愿面对与年龄相当的议题或承担相应的责任。容易给人"恋母""恋父""妈宝"等感觉。

人们常说的"巨婴"可能具有此种禁止信息。

情绪黑洞：感觉自己总是很幼稚、弱小，缺乏影响力，无法与其他更强大的力量抗衡。

（12）不要做小孩

含义：不要表现得幼稚、爱玩、粘人、依赖等。

形成背景：家庭生活压力较大时，父母希望孩子尽快长大并独立，不仅能够照顾好自己的生活，甚至可以帮助大人分担生活中的实际压力，例如做家务、帮忙照顾弟弟妹妹等。另外，当父母自己表现得像个小孩子时，便会与真正的孩子发生竞争关系——家中只能有一个小孩。于是，孩子早早学会收起自己的需求，像大人一样照顾和满足父母的需求。

人生缩影：孩提时期不能自由自在地生活，早早被催促长大，容易形成坚强、太过认真的性格。经常忙于工作或者照顾他人，无法真正放松下来好好玩耍和享受。看起来较为严肃、正经，很少会像孩子一样嘻嘻哈哈。

情绪黑洞：压力大，不敢放松、不敢享受，感觉万事只能依靠自己，没有人能够让自己依靠。

阅读了这12种禁止信息的详细解释后，你觉得自己的脚本中存在哪些禁令吗？禁令与输家和非赢家的脚本结局直接相关。你可以在下表中勾选出自身存在的禁止信息，如果有可能，按照你感知到的对你的束缚程度进行排序。

（1）不要存在　　（2）不要重要　　（3）不要健康
（4）不要亲密　　（5）不要归属　　（6）不要成功
（7）不要做自己　（8）不要思考　　（9）不要感受
（10）不要行动　（11）不要长大　（12）不要做小孩

看到这些禁止，并找到打破禁止的方法，是转输为赢、改写人生脚本的关键所在。最后，我们来看一个有关打破禁止信息的案例。

/ 案例 /

月月是一名正在准备跨考研究生的女生。她认为自己在考研班里垫底，身边的人都比自己优秀。虽然老师经常鼓励她，但她还是越学越泄气，尤其是听到老师表扬其他同学，而自己的作业经常不过关、写的知识点总结和实验设计总被老师打回来时，就特别泄气，觉得自己没有学习理科的天赋。特别是与数学相关的科目，她觉得自己学不会，基础差，甚至还没开始学习，就已经开始犯困。虽然她使劲克制自己，但多数时间还是打瞌睡，很难叫醒自己。老师说她不认真，她觉得自己就是很难认真。后来，她发现自己有"不要成功"的禁止信息。在她的潜意识里，她恐惧成功且相信自己很笨。她害怕自己成功后会受到他人的攻击。妈妈也经常对她说：你站得太高就会掉下来，太优秀了就会骄傲。当她识别出自己的禁止信息，并开始逐步打破时，她发现数学没有那么难了，自己也没有那么困了，连记忆力都提升了。之前的统计课中，她完全听不懂公式，也不会计算，而在之后的某次课中，她直接根据公式给出了习题的答案。老师对她的进步非常惊讶，她也对自己可以有这样的表现而感到惊喜。

第四节 放下驱力，从执念中跳出来

当脚本中的禁令形成后，孩子会心甘情愿地接受吗？并非如此。孩子会利用父母和老师教会他的知识，努力用他小小的脑袋寻找解决禁令的办法。例如，一个孩子感到自己不可以重要，但是每当他非常努力地学习时，父母或老师就会在其他孩子或学生面前大力夸奖他，此时，他感受到了自己的重要性。慢慢地，他小小的脑袋就得出一个结论：只要我足够努力，就可以重要。于是，他越想重要，就越努力。随着他逐渐长大，"努力"成了他的"瘾"，成为感受到自己重要的"条件"和"策略"，并转化为潜意识的一部分。这时，"努力"就成为他的脚本中的"驱力"，像鞭子一样驱使他必须维持努力的状态：只要努力，他就可以感到自己是重要的，而一旦松懈下来，他就立刻会触碰到禁令，感到自己光环散尽，不再重要。

人们身上有五种常见的驱力，用以对抗脚本中的禁令，分别是：要坚强、要完美、要讨好、要努力、要赶快。[1]

有"要坚强"驱力的人会认为如果自己足够强大，能够依靠自己解决各种问题，不展示自己的情绪和脆弱，自己就是有价值的，就可以活下去、变得重要、有归属感、长大等。

有"要完美"驱力的人会认为如果自己能够把每件事做好、无可挑剔，自己就是有价值的，就可以成功、重要、获得亲密关系、有归属感等。

有"要讨好"驱力的人会认为如果自己能够让别人高兴，受到他人的喜爱，自己就是有价值的，就值得活着、重要、获得亲密关系、成功、做个小孩子等。

有"要努力"驱力的人不在乎结果，而在乎努力本身，他们会认为如果自己表现出努力、坚持的状态，就是有价值的，就可以成功、重要、做自己等。

有"要赶快"驱力的人，会认为如果自己能够快速完成所有的事情，就是有价值的，就可以成功、重要、感到放松和安全等。

为了应对禁止信息而形成的驱力会形成一个人的做事风格。某种过度被强调的风格背后可能隐藏着一个人的脚本禁令。

---

[1] Taibi Kahler & Hedges Capers, The Miniscript, Transactional Analysis Journal, 1974（4），26-42.

/ 案例 /

一对夫妻约好一起出门，十有八九都会吵架。每次出门前，丈夫经常都会快速收拾完毕，站在门口等待妻子。然后不知何故，妻子就越收拾越慢，经常比约好的时间晚十分钟才能出门。然后，两人就会因为出门晚大吵一架。丈夫责怪妻子太慢，妻子责怪丈夫给她压力。这种争吵反反复复好多次。后来妻子反思确实是自己有点拖拉，就加快了速度，做到按时出门。可她发现丈夫还是不高兴。她很奇怪，询问丈夫原因。丈夫说按时出门并不会让他高兴，只有比预定时间提前，他才会感到放松。过了一段时间，他们又要一起出门，这次妻子动作很快，提前十分钟就收拾完毕了。可令她惊讶的是，这次她虽然提前了十分钟，丈夫仍旧在很紧张地催促她，并没有因为时间提前了就轻松惬意地与她一起出门。他们还是因为出门的问题，再次大吵了一架。

从客观的角度来说，案例中的这位妻子确实在根据丈夫的反馈调整自己的行为，他们的出行时间也一直在提前，可是丈夫为什么一直不能感到满意呢？这是因为他的脚本中有"不要感觉放松和安全"的禁止信息，并且他一直在用"要赶快"的驱力加以对抗：只要我能快速完成任务，就可以感到放松和安全。他说从小妈妈就告诫他做事一定要快，否则就会有坏事发生。一直以来，他都觉得自己只有快速且提前、更提前地完成任务，才会觉得自己是值得肯定的，才能够感到放松和安全。因此，在他过度强调"要赶快"的风格背后，隐藏着"不要感觉放松和安全"的禁止信息。

下面，请你根据下文对五种驱力的描述，寻找自己的主要驱力。也许你会觉得这五种驱力在自己身上都有影子存在，但一般来说，一个人的驱力以1—2种为主。

要赶快：不断以更快、更快的速度做事或说话。认为所有事必须立刻去做。会打断别人说话，催促他们完成正在说的句子，频繁看表，不耐心地敲手指，或要求他人赶快。

要完美：力争完美，并要求他人也是如此。喜欢用高深的词汇，回答比提问的内容更多或涵盖各个方面。认为只有给出大量信息，人们才能不失毫厘地理解他们。

要努力：邀请他人与自己一起努力。不直接回答问题，别人提问时，会重复说一遍问题，回答例如"这对我太难了""我不知道"（其实知道）。纠结，像陷在沼泽中。

要讨好：感觉自己有责任让他人感觉良好。随意表达赞同，认为被喜欢很重要，力求获得他人赞同。回答问题时常常点头，抬起眉毛，常常说"嗯"，给人很好或很甜的感觉。

要坚强：默默承受，情感克制。声音平淡，没有兴奋的迹象。认为表现出情感代表脆弱。

有些人可能会好奇，这些驱力不都是积极的行为表现吗？为什么会成为脚本中的负面元素呢？这里，我想再次强调的是，如果这些行为方式只是我们做事的原则和风格，那么它们确实是积极的。但如果这些风格被过度强调，和"必须""不得不"联系起来，成为抵抗脚本禁令的潜意识策略，那么这些原本是优势的风格就会转变为束缚的枷锁，即如果不能达到这些标准，自己就失去了价值，失去了可以感觉良好的资本。

到这里，非赢家或输家的脚本概貌就被呈现出来了。通过脚本禁令，一个人会走向非赢家或输家的脚本结局。但孩子不愿意接受这个结局，于是用驱力行为加以抵抗。当他们能够符合驱力要求时，会感觉良好，会觉得自己是个赢家。但遗憾的是，驱力中的条件注定无法时刻满足。例如，一个人即使已经努力保持坚强，但他不可能完全消除脆弱。当他不能维持坚强时（如生病、家人离世、工作压力过大等），就会掉到脚本禁令中，体验到负面的感受（如自己是失败的、不重要的等）。此时，他便坠落到自己的人生黑洞中，再次感受令自己痛苦却很熟悉的感受。下面，我们来看一个案例。

/ 案例 /

小丰是一位中年男士，每当他的工作受到夸奖，领导挑不出毛病时，他对自己的感觉就非常良好，觉得自己是一名成功人士。可一旦领导做出负面反馈，他立刻就感觉自己从云端掉了下来，觉得自己非常糟糕。后来，他从原单位离职换到另外一家单位工作。在新单位他勤勉、认真，受到领导和同事的一致好评。当他做完第一次工作汇报后，领导反馈这是他听过的最好的报告。小丰非常开心，体验到了很强的成就感。两个月后，他在自己不熟悉的领域完成了另一场报告。结束后，领导做出反馈，希望他能注意把握重点和深度。在看到领导反馈的那一刻，他整个人都低落下来，失败感和愧疚感在他心头久久萦绕。那一天恰好是他的结婚纪念日，他原本打算与妻子一起愉快地庆祝一番，可那一整天，他都感觉非常糟糕，再次体验到了熟悉的失败又灰暗的感觉。

案例中的小丰为什么会有这样波动的高峰和低谷体验呢？这是因为他有"不要成功"的禁令和"要完美"的驱力。第一次报告时，他获得了领导的极高评价，满足了"只要我是完美的，就是成功的"的条件，因此他对自己感觉良好。而第二次报告是他不熟悉的领域，因此没有得到完美的评价。只要他感到自己是不完美的，就会立刻觉得自己是失败的。一个拥有非赢家或输家脚本的人，常常会体验到自己已经非常努力了（驱力），但似乎仍旧摆脱不了"命运的安排"（禁止），最终以遗憾收场。

第五节　赢家思维：做好自己，尊重他人

脚本中的赢家是怎样的呢？《天生赢家》(Born to Win)的作者穆里尔·詹姆斯和多萝西·钟沃德在书中进行了详尽的描述[①]，我认为可以归纳为以下六个方面：

1. 真实。对赢家来讲，取得成就不是最重要的，真实才是。一个真实的人通过了解自己、做自己来体验自己的内在真实面，同时使自己成为一个可靠的、敏锐的人。他不仅能够实现自己的独特性，也能欣赏他人的独特性。他们不会耗费精力刻意表现什么、伪装成某种姿态或控制别人。他们能够坦诚地面对自己，而不会做作地讨好别人或者引诱、激怒别人。他们不会将自己隐藏在面具之后，而是抛却了不真实的卑微或优越的自我形象。

2. 自主。赢家能够在相当长时间内保持自主性。赢家能

[①] [美]穆里尔·詹姆斯、[美]多萝西·钟沃德：《天生赢家》，田宝、叶红宾译，清华大学出版社2013年版。

够独立思考和应用自己的知识,同时也会听取他人的意见,评价他人的观点,但最终会得出自己的结论。尽管他们景仰、尊敬他人,但绝不会被他人左右、束缚或威吓。他们不会玩"无助"和"怪罪别人"的把戏,而是能担负起自己生命的责任。他们不会受他人驾驭,因为他们知道自己可以做自己的主人。有时他们也会让步,甚至失败,但在向后退却时,仍能坚守最基本的自信。

3.恰当。赢家善于把握时机,能够对情境做出适当的反应,同时保全自己和他人的意义、价值、福祉与尊严。他们不会虚度光阴,而是善用时间。他们能够享受,也能够延迟享受(暂时严格约束自己,以期在未来得到更多快乐)。他们不畏惧追求自己的理想,能恰当地朝目标努力。

4.自知。赢家了解自己的过去,对现在有清醒的认识,对未来充满期待;他们了解自己的局限,但并无畏惧。他们不会被自己的矛盾和冲突击败。作为真实的人,他们知道自己在什么时候生气,也能够在别人生气时予以倾听。他们能付出感情,也能接受感情;能爱人,也能被爱。

5.自然。赢家能够自然地做事,而不会刻板行事,当情况需要时,他们能改变自己的计划。他们对生活充满热情,享受工作、娱乐、食物、人情、性及自然的一切,并坦然欣赏自己和他人的成就。

6.关怀。赢家关心世界与人类。他们不会对普遍的社会问题袖手旁观,而是关切、怜悯并致力于改善人们的生活现状。即使面临国家或国际上的灾难,他们也不会认为自己是完全无能的人,而是会尽力使世界变得更美好。

总体来说,赢家能够认清自己、做真实的自己、承担个人责任、享受生活、追求目标、灵活处事、保持自信,同时也能够尊重、关心和欣赏他人。

那么,赢家和输家是怎样造就的呢?赢家在成长的过程中会从环境中获得许多许可(见第三章第五节),而非赢家和输家则会获得许多脚本禁令。一个人的人生中如果只有一些轻微的禁令,比如父母温和的不赞成反应,不会影响他成为赢家;但如果一个人的人生中有中度或重度的禁令,那么他只能成为非赢家或输家。父母威胁式的皱眉最容易养出非赢家;粗暴的尖叫、扭曲的面部表情和恶意的身体惩罚一定会造就输家[1]。

脚本分析的目的在于结束当前这场表演,换上另一场更精彩的演出。如果你发现自己的人生脚本已经是非常精彩的赢家脚本,那么,祝贺你!如果你对自己的人生脚本还不满

---

[1] [美]艾瑞克·伯恩:《人生脚本:改写命运、走向治愈的人际沟通分析》,周司丽译,中国轻工业出版社2021年版,第111页。

意，那么你可以认识它、改写它，换上更精彩的演出。

最后，我们来看一个从非赢家脚本改写为赢家脚本的女孩儿的案例。

/ 案例 /

小美是一位拥有非赢家脚本的女生。从小到大，她的学习成绩都很优秀，但有个奇怪的现象，每到重要考试，她就发挥失常。父亲一直想要一个男孩，她出生后，父亲一直都用超高的标准要求她：做到优秀是正常，做不到优秀就是她有问题。她一直感到自己只有足够优秀，才值得被爱。小美读大学后，虽然成绩也很优秀，但她总是觉得自己不够好。经过脚本分析，她发现自己因为不是父亲期待的性别，感受到了禁止信息："我是没有价值的、我是失败的"。她一直在用优秀证明自己的价值（要完美、要讨好的驱力），但与此同时，她也要用不成功来维持和父亲的良好关系。因为只有她遇到困难和挫败时，父亲才会来帮助她、鼓励她，这时，她才能感受到和父亲之间的亲密。最终，她总结出自己的脚本——"我可以优秀但不可以成功"。同时，小美发现这一模式也充斥在她的人际关系中：她不敢不优秀，因为只有优秀的人才有利用价值，才能获得朋友；

但同时她又不能特别优秀,完全获得成功。因为在她的潜意识中,如果自己成功了,就失去了向朋友寻求关心的"资本"。她一直生活在紧张中,生怕自己不够优秀就会遭到拒绝,同时一次次重复上演着平时很优秀,但一到关键时刻就失败的戏剧。

案例中的小美在经过脚本分析后,看清了自己的脚本及其形成的原因。她希望自己敢于相信自己的价值、敢于成功,而非用讨好式的优秀表现及令人惋惜的失败换取他人的同情。她认识到自己不需要在亲密关系和成功中二选一,而是可以既获得成功,又可以获得亲密关系。最终,她改写了自己"要完美、要讨好、不要成功"的脚本,接受了自己不完美但独特的价值,开始放松并学会享受学习、休闲以及与他人的亲密关系,最后获得了学业与感情的双丰收。

本章小结

人生脚本是指一个人在童年时就已经形成的关于自己将如何生活、如何死去的人生计划。这个计划和舞台上的戏剧一样，有开端，有发展，有结局。有趣的是，这个人生计划常常是无意识的，如果人们没有经过特别的觉察和思考，就无法发现它的存在。脚本形成后，人们会把人生中发生的很多事情看作"命运"，然后，他们的一生便在一种既定的、无意识的模式中走向落幕。可是，当你愿意停下脚步，认真思考和回顾自己的人生时，就会对自己的脚本有所发觉，很可能你会感叹道：啊，原来我是这么活的！

本章主要通过脚本的概念及脚本中的重要元素（结局、禁止信息和驱力）带你认识并反思了自己的脚本。如果你发现自己已经是赢家脚本，我对你表示祝贺，你应该感谢你的家庭和幼时的自己为当下的自己带来的助力；如果你发现自己是非赢家或输家脚本，也不要恐慌，在任何时刻，我们都可以做出再决定，重写脚本！

第二章

找回遗失的内在力量

上一章，我们一起探索了人生脚本的核心元素。本章我们将一起探索人生脚本的发展过程与阶段。依据帕梅拉·莱文提出的脚本发展理论，成年前的脚本发展可以划分为六个阶段[①]，在每一个阶段，孩子将获得一种关键能力。如果孩子在每个阶段都能够成功获得相应的能力，最终将大概率拥有赢家脚本。相反，如果孩子在某个或某些阶段没有成功解锁相应的能力，将导致脚本禁令的形成，从而大概率走向非赢家或输家结局。没有解锁的能力，也会导致脚本发展中的"黑洞"，使孩子在后续的人生发展中重复遇到相似的困难。本章，我将带领大家逐一了解这些重要的脚本发展阶段及其需要解锁的关键能力。

除了提出了脚本的具体发展阶段，帕梅拉·莱文最重要的贡献是提出了"循环发展"的思想：我们的脚本并不是直线的、一过式发展，而是螺旋式发展，意思是随着生命的推进，人们会再次回到相同的成长主题上，就像虽然今年的夏天已经过去了，但是明年的夏天还会到来。因此，无论何时，被封印的能力都有机会失而复得，脚本永远有可能得到改写。

---

① [美]帕梅拉·莱文：《发展的循环：生命中的七个季节》，田宝等译，机械工业出版社2021年版。

接下来，就让我们一起进入六个阶段、六种能力。通过本章的学习和练习，希望你能找回自己的脚本中那些遗失的力量。

第一节　停止枯竭，积累"存在力"

你是否想过为什么小马驹出生几个小时就可以跟着妈妈行走甚至奔跑，而人类的孩子出生一年才能勉强站起来？《人类简史》的作者提出所有人类都是"早产儿"的概念[1]。大意是说，随着进化，女性的产道变得狭窄，而婴儿的头颅又无比巨大。假如让婴儿在妈妈肚子里发育完全，达到出生就能站立甚至行走的程度，孩子就无法从产道里产出。因此，孩子必须提早出生。这意味着人类的新生儿是地球上所有生物中最不成熟的生物，虽然他已经诞生，但需要在妈妈体外完成本应该在体内完成的成长过程。因此，人类需要经过最长的哺乳期，经过父母，特别是母亲的精心照料和持久陪伴才能健康长大。

---

[1]　[以色列]尤瓦尔·赫拉利：《人类简史：从动物到上帝》，林俊宏译，中信出版社2022年版。

一、赢家脚本和心理地位

这和人生脚本有什么关系呢？正是因为我们刚出生时非常弱小和无助，因此需要完全依赖母亲和其他大人为我们提供食物和温暖、移动身体并清理排泄物。作为婴儿，我们需要做的就是完全享受这段美好的时光，全然接受大人的保护和照顾，吃了睡，睡了吃。不舒服就哭，然后就会有人帮我们搞定一切。

假如父母和家人特别爱这个孩子，充满爱意地充分满足他的需求，那么，这个孩子在他的人生脚本的第一幕，就会写下非常积极的剧情。他在内心深处会觉得自己是安全的、有价值的、值得被爱的；他对周围的环境也会产生积极的预期，相信身边的人是可以提供保护的、支持的、友善的、乐于给他帮助的。用脚本的语言来说，他会形成"我好—你好"的心理地位。这其实是赢家脚本的根本。

在这种心理地位下长大的孩子，他们相信自己是好的，所以会发自内心地喜欢自己，认同自己的价值；同时，他们相信其他人也是好的，因此也会真心喜欢他人，认同他人的价值。他们不会把自己人生的成败感受建立在战胜他人的基础上，也不会因为与别人的比较而产生焦虑。因为他们相信自己是独特的，同时也相信别人是独特的。处理或解决问题时，他们不会顾此失彼，而是会兼顾彼此的需要，寻求双方的满足。因此，他们总能拥有良好的关系，和谐地解决问题，也能够赢得他人的尊重、喜爱与合作。

遗憾的是，我们每个人的成长环境可能并没有那么完美。我们出生时，妈妈也许因为唤醒了自己的创伤而沉浸在自己的不良情绪里，父母也许因为生计问题不得不将我们拜托给其他人照顾，或者他们因为刚升级为父母而面对巨大的压力，因此经常发生争吵，等等。总之，我们可能并没有办法得到充分、充满爱意的照顾与享受。这种情况下，随着我们长大，就可能形成其他三种不健康的心理地位：

1."我不好—你好"：这是自卑的心理地位。建基于这种心理地位的人生脚本基本是以抑郁、不得志、自己很可怜为主线的。

2."我好—你不好"：这是自负的心理地位。建基于这种心理地位的人生脚本基本是以自以为是的高高在上，以及对他人的愤怒和失望为主线的（因此总想摆脱他人）。

3."我不好—你不好"：这是绝望的心理地位。建基于这种心理地位的人生脚本可以概括为一句流行语"人间不值得"，一切都没有意义、非常灰暗。

你觉得自己的心理地位是四种中的哪一种呢？积极的、令人满足的赢家脚本一定是建立在"我好—你好"的心理地位之上的。

四种心理地位

二、存在的力量

如果你在出生的头两年,特别是前半年,拥有了妈妈和其他家人非常美好的爱与照顾,非常祝贺你!你在这种滋养的环境里会发展出"存在的力量",意思是我的生命本身就是有价值的,我是值得存在的,我是值得被照顾、被爱的,我的需求是可以满足的。"存在的力量"是建立并维持"我好—你好"的心理地位的基础。

拥有"存在的力量"的人的特点是发自内心地相信自己的价值与生存的权利，允许自己享受生活、享受休息，能够自然地寻求他人的照顾与帮助。反之，没有充分发展出"存在的力量"的人，会时常怀疑自己的价值，不允许自己休息或享受，或感觉自己不值得，同时，又觉得自己很可怜、很疲惫，无人依靠。严重时，甚至会考虑结束自己的生命。

假如我们在生命早期没有那么美好的成长经历，没有充分发展出"存在的力量"，从而没有牢固的"我好—你好"的基础，那么，时光已逝，一切都成为不可改变的遗憾了吗？当然不是的。

能力的重启有两条线路[1]，第一条是自然重启，13或19年为一个循环。这意味着按照自然发展的规律，人们除了在刚出生的前半年，还分别会在满13岁或19岁后的半年，满26岁或38岁后的半年，满39岁或57岁、满52岁或76岁后的半年等等，重新进入发展存在的力量的阶段[2]。

另一条线路是外部事件引发的重启。例如，在疲惫、生

---

[1] ［美］帕梅拉·莱文：《发展的循环：生命中的七个季节》，田宝等译，机械工业出版社2021年版。
[2] ［美］帕梅拉·莱文：《发展的循环：生命中的七个季节》，田宝等译，机械工业出版社2021年版，第37页。

病、受伤,面对很大的压力,开始进入一份新工作或新关系,失去了重要的东西或爱人(比如分手、离职、家人或宠物死亡等等)时,人们会停止做事,停止思考,只想"存在"。此时,他们会想吃得更多、睡得更多,口部敏感,思维困难,注意力难以集中。他们想被抚摸和照顾,想和他人建立强烈的情感联系,想因为自己的存在而获得认可,而不是因为自己的行为表现。如果此时,他们能够因为自己就是自己而被认可、被照顾、被滋养、被接触,能够与身边重要的人建立起积极的情感联结,就有可能重新发展出"存在的力量"。

三、重启"存在"的力量

接下来,请你将思绪拉回到自己的生活,仔细体会现在的你或者曾经某个阶段的你,是否有过以下感受:

1. 不想做事,不想思考,只想吃饭、睡觉、休息;
2. 感觉自己的情感都用完了,对什么事情都提不起兴趣;
3. 感觉口部敏感,总想吃一些好吃的东西;
4. 感觉无助,不知道是否可以信任他人;
5. 不知道自己的各种需求是否可以得到满足。

如果你对其中大多数条目回答了"是",就提示当下的你或者曾经那个时段的你,进入了重启"存在的力量"的阶段。此时，你需要做的事可以包括：

1.把手头的事停下来，给自己一段不受打扰、完全放松或休息的时间，哪怕只有几个小时。

2.感觉困了就上床休息，增加睡眠，最好可以睡到自然醒，中午也可以增加一次休息。

3.停止对饮食的严格控制，觉得什么好吃就可以多吃一点。

4.请你的伴侣、家人、好友甚至宠物用你喜欢的方式，给你真心的拥抱，也可以请他们亲亲你的眼睛、摸摸你的头发和后背，揪揪你的耳朵，等等。总之就是可以让你产生心中温暖、腹部放松、背部受到支持的感受。

5.让你的伴侣、家人或好友请你出去吃一顿，并事先说好这次由对方付账，自己完全享受被照顾的感觉。

6.安排身体按摩，最好是温柔的SPA，而不是猛烈的推拿，体验身体被舒适地接触的感觉。

7.对自己保持宽容、温暖、支持与慈悲。

如果你能够意识到"重启存在"这个阶段的存在，并能够顺应心理发展规律，满足自己的需要，不仅可以帮助自己重获"存在的力量"，回归"我好—你好"的心理地位，还能够像冬天的树木一样蓄积能量，等待春天到来时蓬勃生长，在下一个发展阶段全力以赴。如果你看不到这个阶段的存在和重要性，也不顺应这个发展阶段的规律，就会不断消耗自己，陷入越来越多的困境，在疲惫中越来越抑郁，越来越缺失价值感、意义感、享受感和支持感，不断强化不健康的心理地位。

/ 案例一 /

一位学生小陆，经过十分艰辛的努力终于考上了一所满意的大学。进入大学后，雄心勃勃的他不仅选择了本校难度很大的课程，同时还在准备第二学位的学习。艰难的课程、看不完的文献使他学得非常吃力。可偏偏这时身边却有一些同学看起来学得那么轻松，他开始对自己产生怀疑。他的父母历来对他的学习要求都很严格，会因为他的表现不理想而严厉斥责他。几个学期下来，他的 GPA 成绩越来越低，课程也出现了挂科。初高中时他是学校中的佼佼者，是父母朋友眼中"别人家的孩子"，他无法接受自己的现状，感觉自己无法面对父母。他开始批评自己不够努力，并开始逼迫自己通宵学习。睡眠不好导致他的精神状态更为糟糕，之后又进一步导致他更为否定自己，学业越来越跟不上，最后大面积挂科，心态崩溃，不得不休学。

/ 案例二 /

　　小荣是一位十分忙碌的妈妈，在孩子出生后扮演着十余种角色。在工作中，她是领导的下属、员工的领导、同事的合作者；在家中，她是孩子的母亲、父母的女儿、爱人的伴侣、宠物的主人，此外还承担着家庭外交家的角色，与其他孩子的父母保持联络；承担家族关系协调者的角色，记得每个人的生日，并送上生日祝福；还有家庭活动策划人的角色，负责寒假和暑假旅行的所有安排；还有家庭买手、家庭室内装潢师……她像陀螺一样，旋转不停，满足所有角色的要求。小荣从小大到大都是一个十分坚强的人，默默承担和忍受着家庭和生活中的一切。生完孩子后，她也一直忙碌不停，完全忽略了自己休息和被照顾的需要，在面对很大的压力或遇到不顺时，也不允许自己停下来，而是不断要求自己继续、再继续，努力、再努力。最终她情绪崩溃，对身边的人充满愤怒，责怪家人或同事不为她着想和分担，心中充满委屈。

　　案例中的小陆同学以及妈妈小荣，在小时候都没有因为自己的"存在"而获得足够的照顾和认可，他们总是不断响应外界环境的要求。当他们因为个人角色的变化面临巨大的压力而身心疲惫时，本来需要回归"存在的阶段"，停下来休整并重新累积能量。但非常遗憾,他们都没有意识到这个阶段的重要性,相反还不断逼迫自己做得更多,最终导致个人内心世界的崩塌。后来,小陆休学一年,允许自己停下来放松地休息和玩耍,并找到自己在学校中的新定位。家人也从关注他的学业表现转换到关注他本身。之后,他顺利恢复学业,并被成功录取为硕士研究生。小荣也开始允许自己慢下来,邀请家人和同事分担工作,并每周给自己安排了与丈夫的休闲时间以及自己的按摩时间。慢慢地,她恢复了良好的状态。虽然之后仍有各种压力的挑战,但她能够掌握好工作和休息的节奏,在必要时求助,总体感觉自己很充实,也很有成就感。

本节练习:链接婴儿期的我

现在,你了解重启"存在的力量"的重要性和方法了吗?你是否感到自己在婴儿期获得了足够的"存在的力量"呢?接下来,我邀请你完成本节练习"链接婴儿期的我"。

第一步,反思自己的心理地位,找到自己经常处于的心理地位,判断是健康的"我好—你好",还是不健康的"我好—你不好""我不好—你好"或"我不好—你不好"。也许,在不同的时间和场景下,你的心理地位有所不同,但其中一种会是你更为主要的心理地位。

第二步,认可自己的存在,满足自己的需求,强化"我是好的,我是有价值的"信念。你可以用一个玩偶、一个枕头,或一个靠垫代表刚出生的自己。把它抱在怀里,闭起眼睛,想象它就是刚出生的你,对怀中的自己说:你很可爱,我会好好照顾和满足你的需求。如果可以,找一张你小时候的照片,与曾经的自己建立链接。

第三步,从现在开始到下一节学习前,完成一件照顾自己身体感受的事情,可以是睡个长觉、预约一次按摩、给自己买一样好吃的东西,也可以是听一会儿放松的音乐等。

练习完成后,你可以记录或反思自己的感受。请注意,我在本书邀请你做的仅是重启"存在的力量"的第一步,你在日常生活中需要有更多练习。如果你感到自己的存在力非常微薄,可以通过专业的心理咨询和治疗工作为自己寻找到更为适合的疗愈方案,例如寻找并释放一直被压抑的情绪,与身体建立深度链接,与专业工作者建立情感纽带,从而学会与他人建立亲密关系,治愈自己受伤的"儿童自我"等。以下是来自学员的分享。

学员李声慢

重启存在的力量，我特别喜欢这堂课的主题。回忆儿时自己的心理地位时，我发觉自己常常会冒出这样的想法：我不漂亮、不聪明、不可爱，渐渐地演变成了我不配、我不行、我不够好等等。所以从小到大，我一直会比较在意他人的感受并小心翼翼地照顾身边人的想法。也会把很多身边人的情绪变化都归结成自己的责任。父母意见不合而争吵，一定是我学习不够好让他们心烦；父亲单位工作不顺利，一定是我表现不够好，让他分心；奶奶和妈妈意见不合，一定是我不够乖，让她们不高兴。结合今天的学习，我发现最初这段记忆的脚本底色应该是"你好—我不好"。

学员果然

想象着自己婴儿时的样子，我抱着自己，嘴角会不自觉地上扬！心里充满浓浓的、暖暖的爱。我对自己说"你很可爱，我会一直爱着你，照顾你和你的需要"。我真的觉得心要被融化了。这份爱的力量被呼唤出来，我觉得可以依靠它战胜生活上的所有困难，变得勇敢。我打算把它变成一个新习惯，可以每日提醒自己"我有一份力量一直支持我去成长"。我最近每天都给自己买一杯苦瓜柠檬茶，这仿佛成了我的一种安慰食物了。我从小喜欢吃苦瓜，因为我觉得能吃"苦"的孩子太少了,我这么做会很酷、很特别,哈哈。现在年轻人居然跟我思想同步了,还发明了这种饮料,我喝着它除了是在回味我与众不同的品位,也可以清热解暑。每天下午看到这杯茶,我觉得工作也会变得愉快,仿佛是一个陪伴我打拼的伙伴一样,不再寂寞了。

第二节　远离拖延，释放"行动力"

当蓄积了足够多的"存在力"后，这股力量就会推动我们朝"行动"发展。就像动物经历了冬眠，树木经历了冬季，人经过了夜晚充分的休息。接下来，破土而出、动起来的时候到了！

首先，我们来做一个小测试，看看你的行动力发展得怎么样。

以下有5个题目，请判断这些题目与你的契合程度。你与这5个题目符合的数量越多、程度越高，代表你行动力越弱，你越需要启动这种力量。你可以在心里给自己一个评定。

1. 你是否觉得自己想再多做一些事情，但往往又没有做？
2. 你是否觉得自己应该立刻行动，但又坐在那里看电脑、玩手机等，一直拖着？
3. 你是否觉得自己的生活总是局限在一个范围里，有些单调枯燥,但又没有打破?

4.你是否很难根据自己的兴趣或好奇心直接采取行动,总是瞻前顾后,犹豫不决?

5.你是否很难产生冲动感,做出一些打破常规的事?

经过测试,你觉得自己的行动力还不错,还是发现自己条条中招了呢?

一、"积极废人"的成因

网络上有个流行语叫"积极废人",指那些特别喜欢给自己定目标,但总是做不到的人。他们在生活上表现出非常积极的态度,各种想法也非常丰富,擅于给自己拟定很多目标和计划,但在行动上停滞不前,很难把想法落到实处。简单来说,就是想得多做得少,是思想上的巨人,行动上的矮子。为什么会这样呢?

其实,我们的行动力从很小的时候就开始发展了。这个时期大约是半岁到一岁半。这也是我们的人生中具有"跨时代"意义的时期,因为随着长大,我们不再需要依赖大人帮助我们移动身体,而是逐渐学会了爬行、站立、行走,这意味着我们可以独立探索周边的世界。

这个时期的孩子充满了好奇心和探索欲，他们用自己的手、脚和嘴巴认识这个世界。所以在这个阶段的孩子身上，你可以看到一个非常有趣的现象：无论他拿到什么，都会放到嘴巴里尝一尝，无论是玩具、抹布、袜子，还是猫、狗的尾巴……这个时候的我们完全不缺乏行动力，只要有好奇心，就会立刻行动，立刻探索。正因为如此，这个阶段成为我们成长过程中一个非常危险的阶段，需要大人时刻看护，从而避免我们从床上摔下来、打翻开水、手夹到门缝里、用手指抠电源插口等等。

因为有太多潜在的危险，因此大人会用很多不同的方式来保护我们。比较理想的情况是，大人把这些危险都排除掉，例如，让孩子睡在低矮的床上，床边铺满软垫子，这样孩子掉下来也不会摔伤；把孩子能够接触到的电源插口封住，排除触电危险；把很尖、很硬的桌角、桌边包上软海绵，这样即使孩子摔倒也不会碰伤……大人把生活环境处理成对学步儿童越友好的环境，孩子就越不会受到约束，越可以自由探索，从而促进行动力的发展。

但是如果大人没有改善环境，而是为了保护孩子不鼓励甚至限制孩子探索，那么，孩子就会受到阻碍，无法发展出适当的行动力。例如，有些大人很忙，无法时刻看护孩子，就把孩子用被子裹起来放在床上，避免他乱爬掉下去；或者有些大人总是背着或抱着孩子干活，不允许孩子自由地爬来爬去或走来走去。

前面我们提过有些人经常想得多、做得少，其实与此有很大关系。当一个孩子的行动力没有发展好，在这样的情况下便进入下一个发展阶段，即思考的阶段，而思考力又发展得比较好，就会导致想得多、做得少的情况发生。

二、行动，活成赢家脚本

你了解自己在半岁到一岁半这个阶段的成长情况吗？你可以问问自己的父母，也可以想象一幅画面：当你是一个会爬、会走的孩子时，父母或其他照顾你的家人，会做出怎样的反应呢？他们是会带着微笑与兴奋的表情，鼓励你在好奇心的激发下去探索和行动；还是会带着担忧、冷漠甚或训斥的表情给你阻碍呢？如果你感觉他们更希望你保持不动，保证安全，而不是东摸西爬，做出带有危险的举动，那么，你最初的行动力就有可能受到了阻碍。长大后，在行动方面，你就可能表现出害怕麻烦、顾虑危险、高估困难和不敢冒险的特点。

/ 案例 /

小凡是一位年轻的女士，毕业后在一家公司工作了一段时间，工作表现很不错。公司有晋升主管的机会，符合条件的员工都可以申请，她也在其中。她其实很希望自己有机会升职，但还要准备不少申请材料，她就开始想：准备这些材料太麻烦了；自己的经验可能还不太够，被选上的机会也不高；就算自己选上了，万一干不好怎么办，其他人能服自己吗？……想来想去，她对自己说，我还没什么管理技能，先学一学这方面知识再说吧。最终，她放弃了这个机会。但公布结果时，她发现最终晋升的人选其实跟她的经验和资历都差不多。

案例中的小凡每次采取行动前都会思前想后，而非凭借内心的冲动一鼓作气。这样的表现虽然可以体现她深思熟虑的优势，但她经常在左顾右盼中错失良机，让她相当懊恼。错失一次机会，不一定会对人生产生决定性影响，但如果每次都错失机会，人生一定会走入困局。她如果不能重启行动力，就会反复在冒险面前犹豫不决，很难向前一步。

三、3种做法重启行动力

通过以上讨论，如果你发现自己的行动力不足，请停止自我责怪，看到缺乏行动力背后的原因。当下的重点是如何重启行动力。

上一节我们说过，根据帕梅拉·莱文的循环发展理论，我们有两条线路重启每一种能力。第一条线路是自然重启，指的是除了出生后半岁至一岁半这个时期，每13年或19年为一个循环，我们会再次发展行动力。因此，如果你的年龄在13岁半或19岁半，26岁半或38岁半，39岁半或57岁半，52岁半或76岁半，等等①，那么接下来的一年，你就需要格外注意满足自己采取行动的需求。

另一条线路是外部事件激发的重启，例如，当你需要学习一项新技能（如英语、舞蹈或管理），或者你已经在某方面有了一定积累，周围环境即将给你一次机会，让你独立完成一项重要工作时（比如独立策划一次活动或独立讲一次课），你就会产生行动的需求。如果你抓住了时机，满足了自己采取行动的需要，就能大力恢复和提升自己的行动力。

总体来说，当你有以下感觉时，就是提升行动力的好时机：

---

① ［美］帕梅拉·莱文：《发展的循环：生命中的七个季节》，田宝等译，机械工业出版社2021年版，第55页。

1.感觉自己不再想通过思考或书本获得知识或满足,而是想通过直接行动和行动的结果学习;

2.即使目标不那么清晰,但感觉自己总想做些什么;

3.感觉自己有强烈的好奇心,想站起来走动,去看、去听、去闻、去尝、去摸各种各样的东西;

4.想跟随自己的冲动做事,不想受到限制;

5.想参与多种多样的活动,用双脚到不同地方留下足迹。

上述感受提示你需要动起来,重启自己的行动力。另外,当你身处新环境或者已经接受照顾和抚育一段时间后,也是发展行动力的好时机。这时,我们要做的是跟随感觉去行动,而不是压抑直觉与冲动。以下三种做法能够有效提升行动力:

1.重视行动本身,降低对结果的要求。

很多年前,我参加过一个女性领导力课程。课上主讲老师其实是在讲两性差异,但对当时的我的行动力非常有启发。她说女性做事偏于保守,有百分之八九十的成功把握时,才会行动;而男性则更倾向于冒险,只有百分之六十甚至百分之五十的成功把握时,就会去做。她的评论让我看到当时的自己在做一件事前有多少顾虑:做不好怎么办,让别人失望怎么办,丢脸怎么办……因为对结果总是有太多顾虑,所以总是很难采取行动。例如,当时有人邀请我讲课,只要没有绝对的把握,我都会拒绝。假如很多事情都要等自己完全有把握再去做，可想而知，那就很难尝试新鲜事物，很难扩展自己。不尝试、不冒险，就很难积累经验；没有经验的积累，就很难获得渴望的成就。然后就会陷在"不满意，不行动；不行动，更不满意"的圈子里。从那次讲座开始，我改变了行动策略。每当有人邀请我做事，如果我也感兴趣，就会问自己：这件事，我是不是一定做不好？答案只要是否定的，也就是说，只要我确定自己不是必定失败，就会去做。从此之后，我感觉自己的行动力至少提升了5倍，积累的经验也在大幅增长。

2. 停止连锁式思考，先迈出第一步！

很多时候，不是事情太难阻碍了我们采取行动，而是我们的"思维"把事情想得太难，从而阻碍了我们采取行动。例如，有人说："我为什么总是很难早睡呢？因为一想到睡觉，我就想到自己要站起来去洗脸、刷牙、铺床、喂猫、铲屎……就觉得好累啊，现在坐在这里玩手机多轻松！哎！可是拖来拖去，这些事还是都得做，最后还搞得自己睡得很晚，非常自责。"这种情况下，他要做的是整理好自己的睡觉流程，例如放下手机→起来喂猫、铲屎→洗脸、刷牙→铺床睡觉。到了时间，他就需要就停止连锁式思考，开始第一个行动，之后一系列行动就会自动化进行下去。就像演员张钧甯，她很喜欢跑步，在一次采访中，记者问她：你这么爱运动，怎么劝说那些还在犹豫今天要不要运动的人呢？她说：在你犹豫的时候，先穿上跑鞋下楼，这样，你可能还没有想好是不是要运动，就已经跑完回来了。

3. 不要逼自己做所谓"应该"做的事，而是问自己：我想做什么有意思的事？

在我教书和咨询的经历里，遇到过很多缺乏行动力的人。我经常会问他们一个问题：这件事是你"渴望"去做的，还是你觉得自己"应该"做的？他们给我的回答总是：我觉得是我"应该"做的。很多人之所以拖延，是因为他们要做的并不是自己真正感兴趣、真正认同的事，而是他们认为自己理应去做的事。换句话说，其实是别人要求他们做的事。我们前面说过，小时候的我们完全不会拖延或缺乏行动力，那时我们想要的是即刻满足：如果一个东西好吃，我们就希望立刻吃到；如果喜欢一个玩具，就希望立刻去买；如果想到院子里玩，就会一溜烟儿跑出去。那时的我们为什么行动如此迅速？那是因为那时的我们内心还被兴趣与好奇驱使着。可长大后，我们做事不再遵从内心"有趣"或"有意思"的感觉，而是被"要求"填满，逼迫自己去做应该做但内心又觉得没意思的事情。重启行动力，也是在重新唤醒我们的兴趣与好奇。只有当你真的感受到某件事有意思或有意义时，才能从内部点燃并激发行动力。

十几年前,我在香港读博士。最后一年,我一边写博士论文一边发表文章,整个过程非常痛苦。我全部的工作就是写写写,我感觉自己脱离了与真实世界的接触,写的内容也总是被导师否定,学习和生活非常困苦,一点儿意思都没有。我感觉自己陷入了困境。后来我问自己:现在,我做什么会让我觉得有意思、有意义呢?于是,我想到去动物保护协会做志愿者,一来是我喜欢动物,二来是可以为社会做出一些贡献。于是我申请去"香港爱护动物协会"做义工,每周转两次火车去为小猫小狗打扫笼舍。非常有趣,在这个过程中,我的生活动力感和意义感又回来了。同时,在来回三个多小时的通勤路途中,不一样的风景打开了我不一样的思路,最终我完成了论文,还拿到了非常宝贵的香港中文大学研究生研究成果奖。

本节练习:好奇心之旅

读完这一节,你对自己的行动力有了大致的评估了吗?知道何时以及怎样提升行动力了吗?本节,我邀请你做的练习名为"好奇心之旅"。

首先,请想一件你一直想做,但还没有做的小事。注意,这件事要足够小,例如,去一家餐馆吃饭,给某位朋友发信息,或者练习一次瑜伽,等等。只有足够小,才更有可能完成。

其次,鼓励自己不要顾虑结果,尝试本身最为重要。然后,在近几天找一个时间完成它。

完成后,请记下你完成时的感觉并反思整个过程,想想你从中发现或学到了什么。

以下是一些学员的分享。请注意,"行动的力量"是建立在"存在的力量"的基础上的。如果你发觉自己无法像以下学员那样积极行动,而是仍旧有很多纠结、挣扎的感受,请先回到上一个阶段,积累了足够多的存在力后再来尝试。

学员果然

这节课给我启发很多。因为我看到了一线曙光,有种跃跃欲试找突破的心情!如果按老师的说法——有冲动想用行动尝试——这简直就是我重启的一个机会。

我做了五道测试题,看到自己的行动力是很一般的,也回顾了过往的成长,明白了我在职场升迁路上的挫折有一部分责任要落到我"不敢行动"的心态上。想想都为自己觉得可惜!

正因为这样,我有强烈的想法去改变自己。行动计划如下:

1. 态度比能力更重要。从今天开始,不要总觉得资源都到位了，万事俱备才能行动。只要问自己一句"这事我一定会失败吗？"如果回答否，就放马去跑得了。不管是管理团队还是个人发展方面都应该如此。

2.当连锁思考开始的时候，立马停止，直接开干！今天早上我看到书桌上三个月没碰过的一堆手作材料，觉察到我的连锁思考又开始了：没计划好如何保存这些材料，必须先找个最合适的储存空间，要重新整理抽屉空间，要上班了没时间弄……我立马对自己喊"停"！不管怎样，先捡起一般的材料，打开所有抽屉看哪里最适合放。很快我就发现了地方。仅仅3分钟的时间，我就解决了问题，连带我以上连锁思考的顾虑都解决了。这个练习让我蛮有成就感的。

学员李声慢

我一直想和爸爸轻松地聊一次天，没什么固定的事件，就只是很轻松地、简短地说说话，哪怕静静地看着对方笑也很好。但离开家之后，仿佛每一次沟通都变成一场打仗，最终不是他滔滔不绝得让我想逃离，就是我管不住自己的情绪开始大声控诉。总之，每次跟爸爸通话都会让我感到很有压力，很想逃避。

既然不用顾虑结果，只为尝试而来，我不给自己后悔的机会，也刻意停止了无用的思考，直接拨通了电话，老爸很快就接起来了。很幸运，这一次他在吃饭，所以大部分时候都是我在说，他在听，让我惊讶的是爸爸不再强行让自己高高在上抵挡一切，他适时地表达对我的关心，也适当地透露他当前生活里遇到的不容易，甚至在我表达安慰的时候，他欣然点头接受，也很信任地说："有道理，以后我就不纠结了。"

在没有刻意计划之后，我如愿以偿地收获到了一通"理想的父女沟通"。爸爸愿意倾听，愿意倾诉，愿意表达和接受我的建议。爸爸不再刻意伪装强壮、拒绝一切照料和关心，他开始变得柔软，像是打开了一扇门，我们可以轻松地拥抱，相互关怀。我很开心自己做了这个尝试，也很高兴自己没有让顾虑和无用的思考阻碍这个行动。

第三节　摆脱迷茫，重启"思考力"

"师父，大师兄说得对。""大师兄，二师兄说得对。""大师兄，师父被妖怪抓走了。""二师兄，师父被妖怪抓走了。"……这些话大家应该都听过，它是新版《西游记》热播时网上流传的恶搞沙僧的话。听到这几句台词，人们常常会笑起来。毫无疑问，电视剧中的沙僧踏实肯干、任劳任怨、默默付出，有很多优点。那么，人们为什么还要笑呢？简单来说，是因为这几句台词勾画出了一个喜欢附和和服从、缺乏鲜明个性和主张的人物形象。与敢说敢做、充分表达喜怒哀乐的孙悟空相比，以及与呆萌可爱、无所顾忌地追求七情六欲的猪八戒相比，光彩显得黯淡许多。如果你听到这些台词也会笑起来，那么，你有没有想过，在现实生活中，你与沙僧的表现究竟有多少不同呢？

当别人询问你对一些热点问题的看法时，你的脑子是一片空白，不知说点什么好，还是可以分分钟阐述自己的若干想法？

当上司让你就某项工作提出想法和建议时，你是支支吾吾答不上来，还是可以头头是道地说出几项主张？

在别人对你说了一些不礼貌的话，或者将一些不合理的工作推到你身上时，你是明明很生气但不知道如何反驳或拒绝，还是可以干脆利索地掸回去和表达拒绝？

你可以试着回想一下这些场景里自己的表现如何。如果你的各项答案倾向于后者，就表明你已经拥有了足够强大的思考的力量，但如果你的答案更倾向于前者，就表明你需要重启自己的"思考力"。拥有"思考的力量"使你在工作和生活中既能有效表达赞同，也能有效表达反对。如果想在外界环境对我们的各种影响和左右中仍然保持清醒，维持自己对人生的主导权，就需要拥有思考的力量。

一、反叛与独立思维

我们的思考力是怎么发展起来的？它开始的时间其实也很早。一岁左右，我们有能力离开妈妈，独立探索，这个时期的我们也逐渐发展出独立的人格。虽然我们在生活上还完全依赖父母的照顾，但我们开始学会区分"我的"和"你的"，认识到我们与父母是不同的个体。孩子如何区分我和你，感受到自己和父母是不同的人呢？方法之一就是"叛逆"！你听得没错，人们常常以为叛逆是青春期才做的事。但其实并非如此，我们的第一个叛逆期发生在两岁左右。那时，"不"是孩子们的口头禅。"不要！""不行！"是孩子们对父母的各项提议做出的第一反应。穿衣服吧，不穿！吃饭吧，不吃！出门吧，不出！总之，就是父母让他们做什么，他们就不做什么，脾气还特别大。和他们有种有理说不清的感觉！所以，在心理学上有种说法叫作"可怕的两岁"。

叛逆对孩子发展独立的人格和思维来说究竟有多重要呢？我们可以反过来思考一下：假如孩子从来都不说"不"，相信父母所说的一切，对父母要求的一切都服从，意味着什么呢？这意味着孩子的身体虽然诞生了，但他的思维和精神还没有真正诞生；意味着他没有从与父母的关系中分化出来成为独立的"我"，处于被吞噬的状态。如果孩子不会说"不"，只会顺服，将非常可怕。他将成为父母的"木偶"，而丧失了真正的自己。笛卡尔提出"我思故我在"，我不思，那我还存在吗？近些年，"妈宝男"和"妈宝女"受到人们的热议，他们的典型特征是什么事都和妈妈说，常常把妈妈说了什么挂在嘴边，重要的事情都要妈妈做决定。这其实就是孩子对母亲过度顺从，没有完成分化的表现。因此，叛逆对于我们成为自己的主人，具有非常重大的意义。

但由于很多父母缺乏心理学知识，在本应该为孩子的叛逆感到高兴的时期，却把叛逆看作不听话进行打压。如果孩子的叛逆和坏脾气不能被巧妙地化解和恰当地鼓励，长大后，他们就很难建立独立性，在潜意识里害怕斥责、否定与冲突，很难形成鲜明的个人想法，也很难运用自己的思考解决问题。相反，他们常常会表现得唯唯诺诺，有不同意见不敢表达，总喜欢随大流，权威、长辈、领导说什么就怎么做，失去了用自己的眼睛去观察、用自己的头脑去加工判断、用自己的嘴去表达自己的心的能力。这样我们就只能活在别人的思想里，活在别人的想法为我们建构的世界里。如果失去了独立的思维与判断，又何谈书写令自己满意的脚本呢？

/ 案例 /

小玉是一位从小到大都很优秀的女士。她一直是同学、老师眼中的好学生，学习成绩总是名列前茅，毕业后到一家体制内的单位工作，令很多人羡慕不已，可是她自己总是充满困惑。虽然已经接近三十而立的年龄，她仍旧想不清楚要一直在体制内工作吗，还是要到体制外？要一直在现在这个城市发展吗？还是换个城市？要不要考个博士？要不要换一个职业方向？要找一个什么样的伴侣？要不要生孩子？……在别人看来，她似乎一直都有很清晰的目标，可是在她自己看来，她一直对自己到底要过怎样的生活充满了困惑。

案例中的小玉，父母本身都有很不错的工作和收入，他们对小玉也一直很关心，希望她过上"成功、幸福"的生活，所以他们常常会告诫她"应该"选什么才是对的。小时候，如果她听从了妈妈的建议，并产生了好的结果，妈妈就会强调：你看，听我们的没错吧！但如果她自己做了选择，并产生了不好的结果，妈妈就会发很大脾气并强调：你看，按你说的不行吧！长此以往，她对自己的想法和选择越来越不自信。她甚至觉得自己不具备做出"好"选择的能力。有时，她也会反抗父母的意见，但是这种反抗非常短暂与表面。她嘴上虽然在表示抵抗，但在心里不相信自己，觉得父母说的才是对的。她没有发展出独立思考的能力，所以才总是充满困惑。她的父母虽然很爱她，但是非常遗憾，他们在不知不觉中却夺走了她的"思考的力量"。

二、抓住重启思考的时机

那么，什么情况下是重启思考力量的好时机呢？从自然发展的角度讲，年龄是14的倍数时[1]，是重启思考力的时期。另外，一些外部事件也会激发我们重启"思考的力量"。例如，当你在生活中需要结束一些重要的依赖关系时，告别这份旧关系会带给你很多压力，但同时也给了你一个拿回自己的思考力的机会：我想要的是什么，未来我要追求什么，我想发展怎样的关系等。再比如，在开始学习新知识、新信息时，你可以重新审视"自己"的想法是什么：这些新知识，我认同吗？对我适用吗？在什么方面我有不同意见吗？只有你能够认同，也能够反对，才能发展出自己的观点和立场。还有，在你需要签署或更改一份合约时，你需要仔细思考这份合约是符合我的利益，还是会损害我的利益？我需要付出什么，又会得到什么？这也给了你拿回思考的力量的机会。

总体来说，当你感觉自己很想明确"我"的想法、"我"的需求、"我"的位置，或者当你感到愤怒、抵抗、故意作对、健忘、倔强、拖延或对某方面格外重视时，都提示此时是你重启思考力的时期。不要很快给出"我不知道""我不确定""我不擅长"等否定自己的思考力的结论。停下来，运用自己的思维，拿回自己思考的力量吧！

---

[1] ［美］帕梅拉·莱文：《发展的循环：生命中的七个季节》，田宝等译，机械工业出版社2021年版，第75页。

三、三方面重启"思考力"

那么，我们可以如何发展自己思考力呢？总体来说，需要做三方面事情。

第一，唤醒内心那个敢于反叛的、机敏的自己，点亮清明的头脑和眼睛，而不是活在外界的声音中。

脚本理论创始人伯恩曾用"火星人的思维"描述孩子最初思考和感受世界的方式。意思是，作为孩子，我们都有自己观察世界的独特视角，就像火星人来到地球，他们不会理会地球人提供的各种数据和表格，而是会用自己的眼睛去观察和理解。

他在《人生脚本》[①]一书中，用火星人的思维分析了"小红帽"的故事，非常有趣！我们可以从中感受什么是唤醒敢于反叛的、机敏的自己，点亮清明的头脑和眼睛。

小红帽这个故事大家都非常熟悉，大意是说小红帽的外婆住在森林深处，小红帽的妈妈让小红帽去给外婆送饭。小红帽独自穿过森林，中途遇到了狼。狼询问小红帽要去做什么，并引导小红帽别去送饭改为采花。之后，小红帽去采花，狼跑到外婆家吃掉了外婆，还假扮成外婆的样子躺在床上。

---

① ［美］艾瑞克·伯恩：《人生脚本：改写命运、走向治愈的人际沟通分析》，周司丽译，中国轻工业出版社2021版，第44页。

小红帽到达后，发现外婆有些异样。外婆说自己感冒了，并让小红帽到床上来。小红帽虽然觉得很奇怪，但还是过去了，然后被狼吃掉了。最后，猎人来了，打死了狼，救出了小红帽和外婆。

大人给孩子讲这个故事，通常是为了告诫孩子注意安全，不要和陌生人说话。然而，如果我们启用火星人的思维，就会看到一个完全不同的故事：这是什么样的妈妈，会让一个小女孩独自进入一个有狼的森林呢？她的妈妈为什么不自己去送或者和她一起去送饭呢？假如小红帽不得不去，她的妈妈为什么不提醒她不要停下来和狼说话呢？这个故事清楚地表明，从来没有人告诉过小红帽和狼说话是很危险的。一般来说，没有妈妈会愚蠢到忘记告诉孩子危险。因此，很可能的情况是妈妈要么不关心小红帽，要么想抛弃小红帽！

运用火星人的思维，外婆、狼甚至是猎人都需要被怀疑，例如，外婆已经那么老了，为什么要独自生活在那么偏远的地方，还不锁门，让狼可以自由进入？狼为什么不去吃别的小动物，偏偏来吃人，还用"伪装"这么复杂的方式，最后自找麻烦……最后，伯恩说，这个故事不应该是讲给人类小孩的故事，而应该是讲给小狼的故事。因为最终的受害者是狼，所以这个故事应该在狼群中流传：没事别想着吃小孩儿！

从伯恩这个有趣而犀利的分析中,你对独立和敏锐的思考有了一些感觉吗?要拿回"思考的力量",需要你从别人的各种想法、建议与说辞中,常常退回到自己的内心世界并询问自己:我看到了什么,我想到了什么,我个人的观点是什么。

第二,贴近自己的情绪,从中觉察自己内心好恶的真实声音。

人类情绪学家西尔万·汤姆金斯通过研究提出所有婴儿天生具有九种基本情绪,并用双重命名展示出该种情绪的不同强度[1]。它们分别是:惊奇—惊讶、害怕—恐惧、兴趣—兴奋、生气—愤怒、难过—痛苦、享受—快乐、厌恶、厌闻(汤姆金斯自己发明的词,类似于轻蔑)、羞耻—耻辱。这九种基本情绪是在人类进化的过程中形成的,每一种情绪对人类的生存都具有独特的意义。人们的思考和行动是受情绪推动的,例如,当我们感到有兴趣时,就会希望进一步探索和了解;当我们感到害怕时,就会躲避并摆脱危险;当我们感到生气时,就会"打回去"并维持自己的边界;当我们感到厌恶时,就会远离;当我们感到快乐时,就会沉浸其中。

---

[1] [瑞典]托马斯·奥尔松:《慢慢来:托马斯老师讲沟通分析》,周司丽译,中国轻工业出版社2022年版。

珊卓·英格曼在她的书中①介绍了一个练习，这个练习可以帮助你在不确定的情况下，利用自身的情绪体验明确自己的真实想法：

首先，你需要舒服地坐在椅子上。闭上眼睛，深呼吸四次，尽可能完全放松。然后，心中想着某个你确认喜欢的东西，可能是一种颜色、一种花或者一道食物等。对自己说"我热爱……（你喜欢的东西）"，重复这个句子，并感受你对自己说真话时，身体有什么感觉。然后起身走动一下，再回来坐下，闭上眼睛，深呼吸四次。然后对自己说谎话，对自己说"我讨厌……（你刚才说的你喜欢的东西）"。重复这个句子，感受自己说谎话时身体的反应。熟悉这两种感觉之后，当你遇到难以确定自己真实想法的情况时，可以通过感受自己身体的感觉更接近真话的一方还是谎话的一方加以判断。例如，当你听到某人的讲话时，如果身体反应更接近自己说谎话的感觉，那么，你就可以知道自己的真实想法是不认同。

第三，学会表达不赞同。

在日常生活中，表达赞同最简单，因为只要认同别人的想法，除了自己比较压抑，彼此之间大概率不会公开出现激烈的冲突。

---

① Sandra Ingerman. *Soul Retrieval: Mending the Fragmented Self*. HarperOne, 2006.

表达赞同分为三种情况：

第一种是真赞同，意思是你有你的看法，别人有别人的看法，但你真心认同对方的想法；

第二种是选择赞同，意思是你有你的看法，别人有别人的看法，虽然你不赞同对方的想法，但事情无关紧要，表示赞同可以避免冲突、节省精力，因此你选择赞同；

第三种是自动化赞同，意思是你感觉不到自己真实的想法是什么，只是别人说什么就听什么，或者即使你意识到了自己与他人的想法不同，但总是下意识地放弃自己的想法，遵从他人的想法。

如果你是第一种情况，即真心赞同他人的想法，同时也可以表达出赞同，没有什么问题；如果你是第二种情况，即选择赞同，那么，只要不是每次都选择赞同，也没有什么问题；但如果你是自动化赞同，那么，从现在起就需要有意识地学习觉察自己的想法，并练习表达不同意见。

表达不同意见有三个步骤：

首先，你需要消除表达不同意见一定会导致不愉快或尴尬的看法，以及不愉快和尴尬就一定是不好的看法。表达真实想法导致的不愉快和尴尬往往是暂时的，只要保持"我好—你好"的态度，其实并不会破坏关系，相反，还可能促进关系。

其次，清晰地说出自己同意的部分是什么，不同意的部分是什么，并阐明不同意的理由。

最后，给出建设性意见，比如"我想我们（怎样）可以更好地解决这个问题"。如果没有提供建设性意见，只是表达反对，则是不可取的。

表达不同意见，并非为了反对而反对，而是为了更好地照顾每个人的需求，当然其中也包括照顾自己的需求。另外，表达不同意见后，不要强求对方一定要采纳自己的意见。在日常生活中，寻求双方或多方的共同满足，才是最优的解决方案。下面举一个表达不同意见的例子："我觉得安排一次团建活动这个想法很好，大家确实已经很久没有一起出去过了。但是我觉得七月这个时间不是很理想，一是进入暑假我们的工作量会增加，二是天气太热只能选择室内活动，选择空间有点小。所以，我觉得安排在六月中旬会更好。"

表达不同意见的另一种情况是表达拒绝。礼貌地表达拒绝也分为三个步骤：首先，鼓励自己有权利表达拒绝；其次，感谢对方的提议或者在这件事上对自己的信任；最后，真实地说明自己不能接受这个邀请或安排的理由是什么。

表达拒绝时，要注意明确说出无法接受该邀请的"决定"，并说出自己的困难在哪里，避免东拉西扯找理由。例如，你如果只是敷衍地说没有时间，对方可能会继续询问你什么时候有时间，然后你就需要不停加以应对或寻找新的理由。如果你感觉很烦，懒得回复对方，就会面对因不回复导致的关系破坏，而非拒绝导致的关系破坏。另外，需要注意的是，如果对方坚持请求，而你还是不愿意，可以冷静而坚定地重复你的拒绝。

最后，举一个礼貌拒绝的例子："这么好的机会你能想到我，真是太感谢了。我上半年时间都非常紧张，手里有三个项目正在推进，还有家里的一些事情，所以这次不能参加了，但还是非常感谢你的邀请。"

本节练习：表达不同意见或拒绝

要重启个人的思考力，需要保持反思、敢于分离、敢于形成和表达自己的主张。本节，我邀请你完成的练习是表达一次不同意见或表达一次拒绝。

第一步，留意别人的表达或请求中是否有你不同意或不愿意的部分。事情可大可小，大到工作方面的决定和安排，小到中午吃什么，都可以。

第二步，鼓励自己有表达不同意见和拒绝的权利，并相信真诚而礼貌地表达不同意见和拒绝并不会带来糟糕的结果。

第三步，利用前面提到的方法，表达一次不同意见或进行一次拒绝。

完成后，请记下当时的感受并反思整个过程，看看你从中发现或学到了什么。以下是学员的分享。

学员棠棠

以前的我不太会也不太敢表达不同意见，尤其是面对"权威"，他们可以是学校的老师、职场的上司、面试的考官等社会的优势人群，我很快可以领会并认同他们的意思，体会他们的主旨，执行他们的决定。我也成了那个最听话的孩子、学生、员工。但是，听话的孩子也会有不同想法的时候，而结果往往就是对方觉得你也不过如此，孩子感到委屈。原来这就是听话乖孩子的"代价"。除非你永远不说"不"，除非你永远不做自己，否则你永远不会让别人一直满意。

直到那一刻，我终于深刻体会到什么叫"被讨厌的勇气"。自主地思考，勇敢地表达，不要因为害怕被讨厌而放弃自己的声音和思考。

一开始，表达不同意见或拒绝他人要求时，可能会为了表示自己誓与以往不同的"决心"而不慎用力过猛。这里面除了要刻意练习，还有个心态问题。比如今天我表达了一次反对的意见，但表达起来有些攻击性，有些指责愤怒的意味，我反思了一下，我并不是因此事而愤怒，而可能是用愤怒来压制对方，而为什么用愤怒这样的方式，可能是我下意识默认对方会否定我的看法，所以我试图用强硬的方式来压住对方。可能是我小时候表达自己的观点和想法需求的时候，就是被打压指责吧，所以我以为别人面对同样情形时也会如此。

学员橙子

今天晚上妈妈回来问我想吃什么，因为家里之前请亲戚吃饭了，所以有非常多的剩饭剩菜，妈妈准备热着吃，但是我不是很想吃，但其实心里还是有一些过意不去，有些犹豫。不吃吧，让妈妈一个人吃剩饭；我去吃别的，吃不了倒了好像也很不好。吃吧，是真的不是很想吃。

最后还是决定和妈妈说出了我的想法，我不想吃。说出的那一瞬间还是挺怕妈妈伤心的，但是妈妈没有，欣然接受了，给了我钱，让我和妹妹买点儿别的吃。后来妈妈有个朋友从其他地方回来，妈妈也就和朋友出去吃了。

说出自己真实想法的感觉还是挺好的，不用勉强。其实我的勉强，妈妈也可能感觉得到我不开心，妈妈可能也不是太开心。但说出自己的想法后，反而好像皆大欢喜。我相信之后说出自己的想法得到的不一定都是好的结果，但是总要勇于说出自己的想法，自己不照顾自己的想法，又有谁照顾自己呢？

第四节　认清自我，找回"认同力"

"我是谁"是一个深刻而复杂的问题。如果让此刻的你做出回答，恐怕你需要思考很久，才能给出部分答案。你是否知道，关于这个问题，我们其实在六七岁时就已经有了答案呢？

"人的一生是喜剧还是悲剧，已经由一个还未上学的顽童决定。此时，这个孩子关于世界及其运作的方式还知之甚少，他的心被父母灌输的事物填满。然而，正是这个懵懂的孩子对未来做出了决定，成为贫民还是国王，妓女还是王后。"

不知你听到上面这段话有何感受。我第一次听到这个观点大约是在十七年前，那时我还是一名心理学研究生。我当时真实的想法是：应该不可能吧，一个孩子懂什么，还能决定自己的一生？这就是一种理论，和真实生活关系不大！但随着我不断学习、自我探索以及为他人做咨询，我发现人们确实在很小的时候就已经在重要人物的影响下确定了"我是谁"。正如第一章第一节所说，因为孩子与身边的"巨人们"的力量绝对悬殊，为了生存下去，他必须尽快了解这些巨人，找到适当的自我定位。例如，假如巨人们特别喜欢这个孩子，愿意倾听、照顾、保护他，也愿意和他玩闹，甚至允许他打赢他们，那么这个孩子就可能把自己放在宠儿、幸运儿、领袖、勇士、王子、公主等重要人物、胜利者角色上；假如巨人们对这个孩子不耐烦，经常呵斥、命令、羞辱或忽视他，那么这个孩子就可能把自己放在倒霉蛋、跟班、仆人、病人、造反派、不受欢迎的人、失败者等角色上。当然，有时巨人们还会直接给孩子贴上"标签"：你是个奇怪的人、你是个傻子、你是个开心果等等。

/ 案例 /

浩浩是个男生，从小非常聪明伶俐，也很乖巧。他的父母一直把这些聪明乖巧的表现当作理所当然，很少给他称赞和肯定。但是每当他和其他小朋友发生了冲突，或者在他变得非常愤怒时，爸爸妈妈就会来安慰他。因为他们觉得这么乖的孩子，如果他不高兴了，一定是受了很大委屈。他在学校也慢慢发现，如果自己很乖，只能是一个聪明的、学习好的但不太受关注的孩子，而每当自己和同学发生激烈的矛盾或大发脾气时，就会受到大家的极大关注。渐渐地，他成为学校中"学习超好、脾气超大"的风云人物。而在家中，父母常常说他是一个时不时就脾气暴躁的"怪物"，也会因为他大发脾气而妥协退让。

案例中的这个男孩儿并非刻意给自己制造了一个奇怪的"霸道总裁"的人设。他"直觉"地发现，在当时的成长环境中，这样的角色定位可以给自己带来最大获益：既可以因为成绩好获得家人、老师、同学的认可，又可以因为脾气大获得所有人的关注。"学习好，脾气大""个性奇怪"就成了他当时的自我认同。

一、藏在故事里的自我认同

自我认同，又称身份认同，英文是 identity，简单来说，就是知道自己是谁，对自己的各个方面形成统一的、确定的认识。比较理想的情况是我们在 3—6 岁期间，通过各种测试（如和"巨人们"的相处、和不同性别的小朋友一起玩耍，扮演喜欢的影片中的不同角色、与别人发生矛盾看看有什么后果等）形成了较为稳定、客观、积极的自我认识。例如，孩子通过与巨人们的相处，认识到自己是一个受喜爱的人；

通过看儿童片认识到自己希望成为一个勇敢的战士；在和其他小朋友的较量中认识到自己虽然个头不高，没那么强壮，但身体很灵活；在和周围人的相处中认识到自己虽然不喜欢和一些人待在一起，但可以和很多人成为朋友，大多数人是喜欢自己的；等等。但如果环境没有给孩子提供充分的测试和探索机会，或者总是给孩子"贴标签"，那么，孩子就可能对自己形成片面而僵化的或负面的认识，且有可能高估或低估自己的实际能力。例如，孩子从"巨人们"的持续指责中认为自己是一个懒惰的人，在与其他小朋友的冲突中认为自己是个暴躁的人，在和其他小朋友的较量中认为自己是失败的人或谁都惹不起的人等。

那么，我们该如何发现自己的自我认同呢？一个有趣且快速的探索方法就是从有共鸣的故事里找到自己。在3—6岁期间，孩子会听各种各样的故事。当听到某个角色时，孩子就会"认出自己"，并通过故事的结局，得知这个角色的最终命运，然后把自己的人生命运与角色的人生命运对应起来。一个人最有共鸣的故事其实就是他的脚本故事，即该故事可以映射出一个人的人生脚本，包括脚本结局、禁令和驱力等。

/ 案例 /

依依是一位女士,从小寄养在姥姥家。姥姥与舅舅、舅妈同住,他们有一个女儿,是依依的姐姐。他们五人住在同一个屋檐下,但是除了姥姥,没有人会主动关心她。舅舅、舅妈也从来没有用与自己的女儿平等的方式对待过她。姐姐的衣服永远比她多,学习用品永远比她好,姐姐有独立的房间,而她却只能和姥姥挤在一起……在她心里,她觉得姐姐就是公主,而自己就是可怜的仆人。舅舅、舅妈不关心她,似乎还有点嫌弃她,爸爸妈妈也从来没有关心过她的窘境。不过,姥姥却总是很公平地对待她们姐妹俩,不论给谁买东西,也会给另一个买相同的一份。在她心里,姥姥是唯一可信赖的人。在这个家里,她一直观察着舅舅、舅妈的脸色,揣摩着他们的心意,希望自己可以尽量把事情做好一点,从而能够得到他们的一些认可。在这样的成长环境下,她从《卖火柴的小女孩》这个故事中认出了自己:她就是那个无依无靠的卖火柴的小女孩儿,总是眼巴巴地看着别人拥有各种美好的东西,而自己却什么也得不到。最后只能孤独而寒冷地死去,与奶奶在天国相遇。

案例中的依依在小时候一旦将自己认同为"卖火柴的小女孩",便确定了自己的整个脚本。她的脚本禁令是不要重要、不要成功，脚本结局是输家，驱力是要讨好、要坚强。

你在什么样的角色和故事中可以"认出自己"，获得共鸣呢？不要只说出那个故事的名字，用你自己的话讲一遍那个故事很重要。例如，有人对孙悟空的故事特别有共鸣。不过，不同人心中的孙悟空可能并不相同。在有的人心中，孙悟空的故事是十万天兵天将都降不住他，最后大闹天宫，让所有神仙都领教了他的厉害的成功故事。可在另一个人心中，孙悟空是开始时勤奋学习，不害怕权威，打败很多妖怪，但后来成了佛却只能收敛起锋芒的无奈故事。

现在，我邀请你思考：

（1）你心中最有共鸣的故事什么？你从其中哪个角色身上可以"认出自己"呢？

（2）这个角色的故事，是否与你潜意识中的脚本相对应呢？

（3）故事中，你最有共鸣的角色是有力量的，还是没有力量的？是有能力的，还是无能的？是可以保护自己的，还是被人伤害的，或者是伤害别人的？是善良的，还是疯狂的？……

（4）在最终的结局里，这个角色是成功的，还是失败的？

通过以上探索，你对自己藏在故事里的自我认同有更多发现了吗？

二、二分法分析自我认同

我们可以怎样评估自己的自我认同发展现状呢？可以从以下三个角度来看：

1. "铁砧"VS"铁锤"

歌德的《宴歌集·科夫塔之歌》中有这样的语句，大意是"不是成功地支配他人，就是失败地听命于人，不是忍辱，就是获胜，不做铁砧，就做铁锤"。简单来说，就是把你的脚本结局用二分法简化，你是带有主动性和攻击力的铁锤，还是被动挨打的铁砧？再简而言之，就是你是脚本赢家，还是输家呢？伯恩认为，我们每个人出生时都是赢家，用"王子""公主"表示；但因为成长环境的影响，我们可能成为输家，用"青蛙"或"牧鹅女"表示。脚本分析的目标就是让每个人回归"王子"和"公主"的位置。这里的"王子"和"公主"并非指真实的角色，而是脚本中的一种态度、位置或感觉。真实的王子和公主全世界只有几个，但是每个人都可以成为自己的人生剧情中的"王子""公主"，尊重自己、尊重他人、优雅成功，受人喜爱。

2. 现实 VS 幻想

如果你拥有某种自我认同，同时外界给你的反馈也是如此，那么，你就拥有现实的自我认同。简单来说，现实的自我认同就是你对自己的看法与他人对你的看法基本一致。如果你对自己的看法与外界对你的看法不一致，就可能存在幻想。幻想有两种情况，一种是把自己想得太好，一种是把自己想得太糟。因此，自负和自卑的本质是相同的，都包括了不切实际的夸大，自负夸大了自己的好，而自卑夸大了自己的糟糕。

3. 积极 VS 消极

如果你选择了积极的脚本角色，同时对自己的认识也是清晰、现实的，就代表你很好地发展了"自我认同的力量"。如果你选择的是消极的脚本角色，同时对自己的认识也不够清晰、现实，就表明你还未拥有"自我认同的力量"。举例来说，如果一个人选择的脚本角色是"灰姑娘"，她就选择了一个积极的脚本角色。伯恩认为灰姑娘是脚本赢家。因为当她处于劣势时，不抱怨、不卷入斗争，而是做好自己该做的事；当机会到来时，她抓住机会，成为赢家。另外，虽然"灰姑娘"听起来像个很惨的人，但她的真实身份其实是贵族小姐，正是因为有这样的基础，她才有可能在王子的舞会上崭露头角，获得青睐。如果她对自己的劣势（被继母欺负）和优势（美丽能干）都有清晰的认识，并且能够保持着基本的自信，那么，她形成的就是现实的、良好的自我认同。相反，如果一个人选择的是在寒冷与饥饿中死去的卖火柴的小女孩的角色，看到的只是自己的无助和可怜，就没有发展出良好的自我认同，需要重启"自我认同的力量"。

三、重启自我认同的力量

根据帕梅拉·莱文的估算，在自然情况下，年龄是4和5的倍数以及15及15的倍数时是重启"自我认同的力量"的时期[①]。一些外部事件也会激发"自我认同的力量"的重启。例如，学生毕业走上职场，老人退休回归家庭生活，青年人结婚生子承担起了新角色，事业上有了新的发展和升迁，从一种文化进入另一种文化学习或工作，我们可以利用这些转折的时刻停下来审视内在的"我"，从而重获"自我认同的力量"。

要想形成良好的自我认同，离不开前面两个阶段能力的发展，一是采取行动，二是独立思考。只有不断尝试，不断反思，在反思后，继续尝试，继续反思……如此循环，才能逐步清晰地知道我看重什么，喜爱什么，想追求什么，能力的边界是什么。要拿回自我认同的力量，你需要真实而完整地认识自我、勇敢地更新自我以及发自内心的喜爱自我。只

---

① [美]帕梅拉·莱文：《发展的循环：生命中的七个季节》，田宝等译，机械工业出版社2021年版，第93页。

有这样，你才有可能走出过去陈旧的脚本角色，为自己建构新的人生戏剧。

如果你一直活在陈旧的、不良的自我认同中，就会像一个带着"手提悬崖"的女孩[①]：她的生活早已改变，再也不是好似生活在悬崖峭壁的边缘。然而，如果她有一个手提悬崖，无论走到哪里，就会把悬崖带到哪里。所以，无论她走到哪里，永远都不会感到自在或放松。现在的我们，每一刻都可以选择成为全新的自己。你可以不带恐惧地想象自己想成为的样子，然后实现它！

本节练习：明确理想自我

当你不带恐惧或局限地去成为自己想成为的自己，你知道那个你是什么样子的吗？接下来，我邀请你进行"明确理想自我"的练习。

第一步，请列举三位你最敬佩的人物，生活中的人物、卡通形象或影视作品中的人物都可以，例如，父母、老师、葫芦娃、《阿甘正传》中的阿甘等。

---

① ［美］艾瑞克·伯恩：《人生脚本：改写命运、走向治愈的人际沟通分析》，周司丽译，中国轻工业出版社2021年版，第166页。

第二步，分别列出每个人具有什么特质吸引你将他们作为榜样？

第三步，提取这三个人具有的共同特点。然后列出你与他们的相似点和不同点。

最后，你会看到，他们三人的共同特点就是你的理想自我。你与他们的相似点，就是已经实现了的部分，而你与他们的不同点，就是你可以继续发展的部分。思考结束后，你也可以想想这三个人物的人生结局如何，谁的人生结局是你更想拥有的。以下是学员的分享。

学员瑶瑶

小时候我特别喜欢白蛇传里的白素贞，长大后很喜欢杨澜，成年后感觉自己特别崇拜孟晚舟。这三个人的共同特点是漂亮、能干、勇敢、有担当、有追求，敢于追求。我跟她们相似的是漂亮、能干、有担当，但我没有她们勇敢、追求不明确或者说有目标但被动。我想起年轻时我特别喜欢的《冬季恋歌》，那部剧我看了一遍又一遍，仍能触动心灵，我也忽然明白了其实在爱情里我希望被爱，然后等待爱。当男主角失忆爱上别人，我哭得稀里哗啦，其实跟小时候上幼儿园看到别的爸爸妈妈接小孩，我却总是自己一人回家那种感觉一样，觉得自己就是那么可怜，觉得自己不被爱、不会有人爱！自己成年后爱情也是一塌糊涂，但主旋律真的如出一辙。期望有爱又不相信自己能拥有爱，所以多次失之交臂。现在家庭和谐但就少了点什么。我现在明白自己少了主动追求，等得太多了！我为什么喜欢白素贞，其实白素贞就是为爱执着勇敢，这是我一直做不到的，也是我要努力的了。今天起我不再埋怨老公不够爱自己，而是努力成为更好的自己，学习亲密关系处理的课程，想要的都可追求，包括爱情，包括更好的事业！

学员橙子

袁隆平：一生忠于一件事，把这件事做到极致。终生致力于杂交水稻研究，为造福人类，梦想让全世界人民摆脱贫困！

《哪吒之魔童降世》中的哪吒：不在乎别人的看法，忠于自己，"我命由我不由天"，敢于去挑战，坚持自己。虽然出生是命定的魔丸，会毁天灭地，但是他不信命，逆天改命，拯救了陈塘关的百姓，为众人敬仰。

他们的共同特点就是遇到困难都是迎难而上；不在乎别人的看法，忠于自己；敢于挑战；能够沉得下心，去专注一件事情；有责任心，帮助别人。

与我的相似点：敢于挑战；有责任心，帮助别人。其余都是可发展点。

我更喜欢哪吒的结局吧,也许命定的没有那么尽如人意,但决定最终走向的还是自己。就像我们的人生脚本,之前受外界各种各样因素的影响,造就了我们的结局。但是我命由我不由天,当我们开始有意识地去觉察改变,就可以改变那已经命定的结局。总要去尝试,也许会不一样呢。

第五节　成为高手，掌握"精熟力"

有一个故事叫作《鲁公治园》。你可以边看边思考鲁公是个什么样的人。

鲁公想修一个小园子，并打算挖一个池塘。他的父亲说："挖出来的土没有地方放怎么办呢？"于是鲁公停下来。接着有人说："土可以堆成山呀。"鲁公觉得这个办法不错，就打算按照这个人说的方法做。接着他的妻子又说："土堆成山你就不怕小女儿跌倒吗？"鲁公想想也是，又停了下来。这时又有人说："如果你修条小路通到园子里，设个栅栏围着它，又有什么好担心的呢？"鲁公觉得有道理，又打算按照这个人的办法做。接着，家里又有人出来阻止他说："园子修好了，必定需要找仆人打理，可家里给仆人住的房间已经满了，值得考虑啊。"鲁公又犹豫了……最后，修园子这件事不了了之。

从鲁公想修园子，到最后不了了之，你觉得鲁公最大的问题在哪里呢？我想，他主要存在两方面问题：一是对自己的目标认同度不高，因此很难坚持；二是缺少达成目标的有效方法。上一节我们谈的内容与"认同"有关，这一节我们讨论"达成"。只有我们具备解决问题、达成目标的能力，才有可能真的"成为"理想的自己！

接下来，请你评估自己在过往经验里解决问题实现目标的能力：10分代表你具备充分的能力，遇到任何问题，都可以找到路径和方法解决，达成自己的理想状态（超厉害）；0分代表你在这方面不具备任何能力（超不厉害）。

依据你现在的情况，你给自己打几分？打分结束后，想想你对这个得分满意吗？如果你觉得还有可以提升的空间，欢迎你继续下面的探索。

一、"精熟力"的发展途径

"精熟的力量"可以理解为我们学会如何获得一种本领，以达到精通和熟练的程度。这是有意识地学习并将其掌握的能力，与之前自发地学习有所不同。这种能力最初在六至十二岁这个阶段发展起来。

这个时期，我们还做不出一些大事，但是会学习并掌握一项一项的技能，并通过技能掌握的过程，学会掌握一个本领的方法。例如，这个阶段的孩子还不太会写字，刚开始拿笔时，用不上力，字写得歪歪扭扭，但是通过反复书写一二三四、横竖撇捺，最终他掌握了写字的技巧，能够整洁、熟练地写出各种或简单或复杂的汉字，他在写字这件事上达到了精熟。六至十二岁差不多是孩子读小学的时期，除了写字，还要学习拼音、识字、算术、跳绳，如何应对考试、如何与不同任课老师及同学和谐相处等等。孩子正是在完成一项一项任务的过程中，获得各种本领以及"如何掌握一种本领"的能力。换句话说，在这个阶段，孩子不仅要掌握一项一项具体的技能，更重要的是，探索出可以如何掌握一项技能的方法。这就是俗称的方法论或解决问题的能力。

孩子从不会写字到学会写字，掌握了写字的技能。同时，假如孩子知道，我开始不会写字，但只要每天练习，坚持一个月，就能够写字了，这便是掌握了不会写字的解决方法。从某种程度来说，这比学会写字本身更加重要。这就是我们在这里所说的"精熟的力量"。

那么，孩子是怎样学会解决问题，获得自己的方法，从而使自己拥有精熟力呢？主要包含三条路径：

一是模仿与复刻。这是指孩子在成人的指导下，通过模仿与复刻，逐步掌握某项技能，从而解决问题。例如，孩子不会写字，老师教他们握笔的方法、力量的使用、笔画顺序等。老师逐一教导，孩子跟随模仿，并复刻练习。之后，孩子获得了写字技能，解决了不会写字的问题。成年后，当我们遇到难题，通过网络检索攻略，就是在运用模仿与复刻的方法解决问题。

二是试错。这是指通过反复尝试，孩子摆脱大人教导的固定方法，找到适合自己的问题解决途径。例如，有位小朋友很希望同学喜欢自己，愿意和自己玩。但他经常看不起同学，甚至在与同学发生冲突时打骂对方。家长、老师经常给他做工作，教导他应该尊重他人，但他也听不进去。后来，他发现如果他能够找到和同学的共同兴趣，就能更好地融入大家。于是，他经常这样做，同学对他的接纳程度果然也更高了。这位小朋友就是通过试错找到了如何使他人更喜欢自己的方法。

三是与权威争论并形成自己的价值体系。如果孩子在前四个阶段发展得比较好，那么从小学阶段起就会形成很多独立的奇思妙想。当大人"告知"他某事应该怎样处理时，他会说"我要用自己的方法"！当你质疑他的方法时，他会反问"你怎么知道我这样做不行？"在与权威争论的过程中，孩子会逐步形成自己的问题解决方式和自己的价值体系。此时，他就拥有了属于自己的"方法论"。

这三条路径对孩子来说都非常重要，成人的指导可以使孩子有效利用已有资源，利用现成的"模板"快速解决问题；孩子与权威争论，并通过试错在实践中寻找自己的问题解决方法，有助于发挥自身的主动性和创造力，并且一旦成功，就会极大提升自信。当后续人生遇到困难时，他的个人价值观及问题解决技能就能够指导他依靠自己解决问题。但是很多家长，在这个阶段容易过分强调服从权威和避免犯错，即只重视第一条路径，忽视第二条和第三条路径，从而导致孩子丧失了独立且具有创造性地解决问题的能力。如果不具备独立解决问题的能力，孩子一旦离开父母后，就很容易在困难面前手足无措，陷入困境。

/ 案例 /

小福是位男生，从小在学习的各个方面都很出色。他似乎不需要花费什么力气就可以学得很好，尤其是英文，他好像具有天赋一般，通过看电影就可以很自然地在听说读写方面掌握得很好。他也是个很听话的孩子，学习和生活几乎都是听父母的安排，很少有社交和娱乐活动。可是在他高中毕业进入大学后，他的天资似乎就不再能像之前那样帮他那么多。面对着多学科交叉的新兴专业，他的头脑反应似乎不如之前灵光；面对着第二外语的学习,看电影似乎没什么用,让他感到无从下手;面对着宿舍的人际关系,他也不知道如何应对和处理。他的状态和成绩越来越糟糕,每天只能靠打游戏才能暂时回避失败感和痛苦感。父母不理解他到底怎么了,把所有问题都归结到他的游戏成瘾上,他们之间的冲突也越来越大。曾经,他是父母的骄傲,但现在糟糕的状态让他感到愧对父母。他不知道怎样才能摆脱当下的困境,只能在看到父母的信息时一次又一次地回避。父母也非常困惑,为什么曾经那个优秀、听话的孩子,如今如此颓废呢?

案例中的小福在进入大学前,过人的天资确实给他带来了很多好处,但同时,也给他带来了障碍。他当时主要的精力都放在学习上,而学习内容对他来说相对简单,不需要特别克服困难、解决问题就可以做得很好。另外,他个性乖巧,基本都是听从父母的安排。因此,他基本没有机会通过试错、与权威争论等方式发展起自己的"精熟力",获得个人解决问题的方法论。因为缺失问题解决的方法与能力,当他进入大学遭遇困境时,就很容易不知所措、陷入其中,从一个"厉害的人"变为一个"不厉害的人"。沉迷游戏往往只是缺乏问题解决能力的表象,而很多父母却将其看作让孩子误入歧途的毒药。小福后来利用大学失利的机会,重新学习了如何突破学习困境、如何调整心态、如何搞好人际关系等内容，重启了"精熟力"，之后又顺利跟上了学业。在下一次遇到学业危机时，虽然他也有些恐慌，但利用之前的成功经验，迅速调整了状态，之后他对自己应对困难、解决问题的自信大为提升。

二、2个内外部发展关键期

如果你现在已经拥有了属于自己的、可以顺利解决问题的方法体系，你就已经具备了精熟的力量；如果你只是部分具备，甚至还没有具备，就需要重启这种能力。假如你不清楚不具备"精熟力"是什么样子，就可以想想前面故事里的鲁公：没有明确的做事计划和方法，对想做的事很难坚持，很难达成自己的理想状态。如果你也有类似的情况，就需要重启"精熟力"。

"精熟力"是实现赢家脚本的重要保障。如果你通过重启"认同力"，明确了自己的理想自我，但如果没有"精熟力"保驾护航，就很难找到切实可行的路径，成为那样的自己。

除此之外，"精熟力"也是保障你获得职业生涯成功的关键。我曾经做过 ITER 项目的应聘辅导师，ITER 的全称是"国际热核聚变实验堆计划"，它曾经是我国参加过的规模最大的科学工程国际合作计划。该计划会定期向全球招聘优秀人才，服务于国际核聚变事业。在辅导我国候选人应聘的过程中，我发现项目方最看重的东西叫作"Best Practice"，翻译过来就是"最优做法"，指的是你在过往的工作经历里，探索出怎样的最优实践方案，它可以怎样为当下你要应聘的项目服务。"Best Practice"反映出的是一个人最佳实践能力与反思水平，是个人"精熟力"的直接体现。

从自然重启的路线来看，年龄是6—12岁的倍数，特别是8—9岁的倍数时是重启精熟的力量的时期[①]。从外部激发的线路来看，当我们需要：1.学习使用新工具、发展新技能；2.尝试找到解决某个事情的方法，从而知道什么可行；3.学习安排时间；4.与同辈群体，特别是同性别群体因为接触或相互比较感受到压力时，都是重启精熟的力量的好时机。

重启"行动力"与重启"精熟力"的区别在于，重启行动力需要我们先行动，后思考，丢掉脑中过多的想法，先做起来再说；而发展"精熟力"需要我们先思考，后行动，先找到可行的方案，再在实践中通过不断探索与试错，在解决当下的问题的同时，形成最佳的问题解决方法论。

---

① ［美］帕梅拉·莱文：《发展的循环：生命中的七个季节》，田宝等译，机械工业出版社2021年版，第113页。

三、4个方法重启"精熟力量"

我们可以如何重启"精熟的力量"呢？有4种做法非常必要。

1. 找到榜样

你虽然要启动的是自己的精熟力，但先向外探索，从他人身上寻找已有的成功模板（即榜样），也很重要。榜样就像老师，他们解决问题的方法可以为手足无措的我们提供解决问题的思路，并能够鼓舞我们坚持下去，获得和他们一样的成功。多看各类杰出人物的访谈类节目、演讲类节目或阅读他们的传记，把视线从八卦上移开，关注他们的人生曾经历过什么，他们是如何克服这些困难最终取得成功的，是获得这类信息的好渠道。另外，榜样不仅包括那些杰出人物，在你身边的、在某方面比你做得好的人，都可以成为你效仿的对象。

2. 合理预期

想实现精熟，需要对达到精熟的过程保持现实、合理的预期。很多人心中都潜藏着关于成功的幻想——只要努力一下，就可以得到想要的东西。就像一位六岁的小朋友沮丧地认为他肯定永远折不好飞机了，因为他都折坏三个了。

心理学家茱莉·海提出了一个能力发展曲线[1]，这个曲线可以帮助我们看到达到精熟需要经历的7个阶段，而并非努努力，试三次就能走到巅峰。这7个阶段分别是：

（1）停滞：感知到自己停滞不前。例如，前面案例中的小福在进入大学后，感觉自己的成绩无法提升。

（2）否认：抗拒承认自己是停滞的，并因为自己开始做出一些尝试而感觉自己的能力提升了，但其实并没有实质性变化。例如，案例中的小福认为自己的成绩不好只是暂时的，他考试前连着两周坚持自习补课，并坚信自己这次的成绩一定会有提升。

（3）沮丧：再次感到自己能力不足，因此变得很沮丧，知道自己需要改变，但又不知道如何改变。例如，小福虽然坚持自习两周补课，但在新一次的考试中成绩并没有提升，非常沮丧，对自己很失望，但又不知道怎么办。

（4）接受：真正认清了自己必须做出改变的现实，接受当前的情况，放下过去的态度和经验，探索陌生但有价值的做法，然后能力才真正开始提升。例如，小福通过咨询，看到了自己是如何一步步发展到现在的局面的，放下了自己过去"完美优等生"的定位，重新探索自己在大学中的适当

---

[1] ［英］朱莉·海：《态度与动机：工作中的人际沟通分析》，张思雪、田宝译，机械工业出版社2020年版，第219页。

定位。

（5）发展：进入新的学习周期，持续学习新知识和技能，能力继续攀升。例如，小福开始在咨询中学习如何突破学习困境、如何调整心态、如何搞好人际关系等具体技能，不断提升自我。

（6）应用：将学习到的新知识和技能付诸实践，因为对新东西的掌握还不够熟练，这个过程中偶尔还会体验到沮丧的感觉，但总体来说，这个时期的能力已经得到了夯实。例如，小福在新学年中，将在咨询中学到内容付诸实践，取得了不错的效果，但有时又会因为新的挑战心态产生波动，通过及时与咨询师沟通交流，又恢复稳定和信心，能力在持续增长。

（7）完成：到了这个阶段意味着能力达到最高点，变得精通和熟练，能够体验到扎实的能力感。例如，小福最终可以脱离咨询师的支持，遇到困难时能够自己指导自己突破困境，成功应对学业中的各项挑战。

人们对变得精熟的整个过程越能产生合理的预期，就越有可能坚持下去，否则，很容易在沮丧期就放弃了。这样，就永远无法真正产生突破，实现精熟，成为"很厉害"的高手。

3.允许失败

在实现精熟的过程中，要保持开放的心态，既允许自己成功，也允许自己失败，允许自己通过试错找到可行的方法。但是，很多人害怕失败，并总是竭力避免它。其实，失败是非常有价值的：要成为某事的专家，你不仅需要知道"什么可行"，还需要知道"什么不行"。失败的经验可以帮助你明确"要避免做的"究竟是什么。另外，有了失败，你就不用一直对潜在的失败担惊受怕，你会知道下次最糟也不过如此，从而真正有了面对的勇气。

成功可以鼓励一个人不断拓展表现的上限，拥有不断追求卓越的勇气；而失败可以帮助一个人界定表现的下限，丢掉无聊的自尊。因此，失败和成功共同界定了一个人的真实能力范围。有成功也有失败才会让人更加脚踏实地。

我还记得我在做讲师初期，非常害怕讲不好课，每次讲课前都提心吊胆。假如这次授课获得了积极的反馈，虽然当下如释重负，但下一次还是提心吊胆，生怕这次只是侥幸，下次会获得负面反馈。直到有一次，我在某校做教师培训时，经历了几乎所有学员都在培训中睡着的惨况后，才真正放下了担心：哦，原来最糟糕的情况和最糟的感觉是这样的；最糟糕情况的我已经经历了，未来不会比这更糟了……之后，我的内心反而踏实下来，不再焦虑和恐惧，而是真正开始接受好的培训效果是如何由讲师、学员、培训场地、培训时机等多种因素共同决定的这一事实。我不再不切实际地期待自己每次讲课必须像一场精彩的"个人秀",获得所有人的"鲜花和掌声"。也不再在讲课前焦虑疲惫地一再准备,不会因为获得积极评价而洋洋自得,因为获得消极评价而低落沮丧,而是能够真实平和地与学员对话,在彼此间产生普通、亲切却又富有价值的互动。

4.学会复盘

复盘原本是围棋术语,本意是下棋的双方在下完一盘棋后,重新在棋盘上把下棋的过程摆一遍,看看哪些地方下的好,哪些地方下得不好,是否有更好的下法。现在,复盘一般是指回顾自己做事情的过程,反思自己如何做得好,以及为何没有做好,从而对自己继续做事产生指导意义。要达到精熟,不仅需要坚持与反复尝试,还需要善于总结和反思。只有不断做事,不断总结、不断反思,才有可能找到个人解决问题、达成目标的最优做法。否则,就算坚持一万小时,可能也只是流水线上随时可以被机器替代的苦工,而不是精熟、厉害的人。在我们心理咨询行业中,新手咨询师在受训过程中一定要做的事就是回听和转录。这是指咨询师在咨询结束后,重听或重看咨询过程(咨询师在录音或录像前会征求来访者的同意,来访者可以自由决定是否接受录音或录像),将与来访者的对话逐字逐句记录下来,用文字还原咨询原貌(包括来访者重复说的话、语气等一切细节),并进行反思的过程：我有哪些地方做得比较好吗？我遗漏了什么信息吗？我有处理得不恰当的方面吗？我有什么困难和疑问吗？下次我会改进什么吗？……之后在必要的方面寻求督导的支持与指导。正是在一次次的咨询复盘中，新手咨询师才会最终走向精熟，成为成熟、胜任的咨询师。在你的专业领域中，你是否也学会了复盘呢？

本节练习：绘制个人精熟路线图

本节我邀请你完成的练习是"绘制个人精熟线路图"。

第一步：请回忆你在过去的人生中取得成功的一个事件。这个事件可大可小，可以是成功地通过了一次考试，也可以是学会了一项技能（比如游泳），总之让你感到有成就感的事情都可以。详细地回忆你当时是如何取得成功的，并将你的成功划分为几个步骤。

第二步：选择一位你敬佩的人物作为榜样，并查阅他的人生历程，列出你认为他取得成功经历的过程与阶段。

第三步：依据前两步的分析，提炼你认为合理的、有助于你达成理想自我（即上一节练习中分析的内容）的可能历程。

以下是学员的分享。

学员千翻儿

第一步:成功事件,从接触吉他到酒吧弹唱歌手。

1. 最初在朋友家接触到木吉他,学习了简单的使用。对弹吉他非常着迷,借回家慢慢研究。

2. 一次偶然,在暑假参加了培训班,付出了很大的精力去学习、练习,一个暑假吉他不离身。

3. 上学期间不断练习,找谱子,自学。

4. 大学时第一次看见演出的舞台,对乐手在舞台上演出深深地着迷,并且接触到了更多弹吉他的人,和他们一起交流。

5. 第一次去街头卖唱,非常紧张,也不知道完整的歌曲,能不能顺利换来钱。

6. 大学毕业后开始了几个月的街头卖唱,慢慢脸皮就厚了。

7. 有了信心之后就去餐厅演出,不断练习和提高歌量。

8. 然后到小酒吧演出,那时虽然唱得不怎么样,但歌量和吉他技术还是能满足普通场子的需要。

9. 之后开始接触音乐圈的人,第一次参加商演,非常紧张,节奏也不稳,下来还一直道歉,但是体验过了就稳一些了。

10. 后来又接了大一点的商演,但还是非常紧张,手都不知道往哪里放,还破音了,非常尴尬。后来知道上台前要热身，台风要放松。

11.再后来，小一点的酒吧、大一点的酒吧都经常去演出，目前演出放松一些了，还欠缺大型演出的经验。

整体来说，是一个从零基础到不断学习、练习、犯错，然后建立信心，不断增加经验的过程。启发是不要把事情看得太重，定过高的目标。想做什么，只要能挣钱、能生活，就厚着脸皮往前冲，多冲两次就慢慢专业了。

第二步：偶像成龙。

1.成龙本身是戏团里面的小演员，每天都要经历非常严格的体能训练，有扎实的武术功底。

2."香港七小福"慢慢出名，他也积累了非常丰富的舞台演出经验。

3.初进影视圈时，他是一个动作替身演员，因为扎实的动作技术，能够很好地胜任。

4.慢慢开始有机会出演角色，虽然是小角色，也为他积累了演出的经验。

5.从配角慢慢在圈子里有机会成为小主角，那时就非常用心地研究模仿一些成熟的影星，研究主角和动作电影的潮流。

6.对整个动作电影市场都非常熟悉了以后，开始不断接新片，也和导演讨论更好的个人风格和观众爱看的类型。

7.渐渐地通过几部片子，才摸索出动作喜剧的路线，试探了市场的接受度，渐渐加入了各种街头文化。这都是一个探索的过程，动作技术本身已经是非常小部分的作用。

8.开始被观众接受，开始学习做导演，按着自己的思路来做。然后是走向好莱坞，成为国际巨星。

明星是以市场为导向的，去迎合这个市场的需求是一个摸索的过程，而不单单是技术板块好不好、牛不牛。整体来看，成龙的成功一是有一定的幼年基础和时代作用，更多是后天慢慢在电影市场里去探索、寻找、体验、实验，最后才得到了市场的一致喜爱。值得学习的是那种勇于探索、尝试，还有对市场前沿的闯劲儿。

而乔布斯的成功，在于他勇于探索的勇气、特立独行的思考力、追求完美和对真理的追求。经历了探索、学习、思考、尝试、验证，不断学习与迭代，始终追寻内心的声音，追求生命的意义。

第三步，通过上一节敬佩人物的分析来看，我知道我想做一个独立思考、勇敢探索的人。所以我不会停止探索和成长的脚步，现在这个阶段的停滞是一个必经之路，也是一个很好的反思和向内看的时候。这个阶段，我学会了看见本质的东西，也在多年迷茫之后看见自己内心的卡点，我知道，我已经在活出自我的道路上了。走向最后理想自我的道路是一条充满乐趣和艺术的道路，也是表达自我、实现自我的路。

像成龙一样不断探索，像乔布斯一样独立思考。在追寻内心的时候，停滞、否认、沮丧、接受、探索陌生的但有价值的做法，才能发展、应用、完成。

学员舒言

关于小时候的自己，我在自己妹妹身上看到了自己的影子，比起多次试错，我们可能都是那种会在前期专注观察，只有心里有数才会行动的那种类型。长大以后，我逐渐发现了在试错方面的缺失，的确，直到现在，我也对失败怀着恐惧。很多时候就形成了前期的思考工作过多，没有行动的促进，导致项目迟迟无法推进的场面。

第一步，成功的事件，关于一次做书的经历。

因为大学专业课作业比较多，所以每次做一个新的项目的时候，我觉得就是发展"精熟的力量"的过程。

1. 停滞。第一次投入很大心力去做一个项目是关于儿童书籍的。因为是没有尝试过的领域，所以其实对自己是充满怀疑的，内心还是停滞的，前期提出了想法后就不知道从何开始，感觉好像不能达成最后的结果。

2. 否认和沮丧。由于心理上的怀疑，我的进度比较慢，所以看到别人的作品，我对自己产生了深深的否定感甚至沮丧感，我不觉得自己最终能做完一个作品。

3.接受与发展。到了后期实际上是为了赶作业,为了应付一个最终的结果,所以接受了现实。开始不是光想,而是继续推进,尝试了新的激光雕刻方法,发现并没有想象中的那么难。随后将自己的想法画出来,一张张地排版,一遍遍地检查,直到没有瑕疵为止。最后通过打印和手工制作,看着成品的产生,慢慢有了自豪感和喜悦感。这个过程实际上和设计的过程很像,大学三年间,我有了很多次这样的经历,发现只要是前期构建完备,最后总能完成。从最开始的无头绪、情绪波动起伏,到了后面学会调整情绪,加强行动力,加快进度,加深项目难度。我觉得如果大一的时候我的精熟能力有4分,现在应该有7分了。

当然,进项目的途中有很多错误和失败,或是被老师批评,或是跑题,都是很好的成长经历。之后做论文、做创业项目,我发现和做作品是同样的套路,都是在前期构建好框架,在后期经历种种过程,最后都会很好地完成,所以现在很少陷入情绪的纠纷之中了。

第二步,我喜欢的偶像都是有经历过一段练习生和闭关的阶段的。我发现自己很喜欢努力又谦卑的人。她们在强压之下可以坚持自我,有很强的意志力去坚持练舞、学习。直到出道了,还可以保持初心,虽然她们在被人攻击时也有悲伤的时候,也有停滞的时期,也会自我怀疑,但是最终都会坚强地成长起来，心理素质都很好。还可以坦然地面对别人的批评甚至微笑着回复，到后面可以近乎无视，专心地做自己的事业。我觉得有被抹黑经历的她们，承受了很多，却没有被打倒，反而是在坚持自己初心的路，没有被这个行业的黑暗所污染，所以我很喜欢那样的她们。

第三步，理想自我可能经历的过程。

1. 意识。开始进行一件事，也可能是进行一种转变，都是源自自己有想要去做的意识和欲望。

2. 构建框架。这个过程是枯燥的，但也是极其重要的，所有的后续方向都需要和框架对照，不能有太大的偏差。

3. 迈出第一步。对我来说，迈出行动的第一步是很费时间的事情，很多时候，我都会在这一步开展前做很多不必要的预设和恐惧的建设。最合理的方式是做一些适当的方向设定，不需要深究细节，立马就行动，不要再想啦。

4. 面临别人的评价。当做出一定成果时，总会收到老师或是朋友的或好或坏的评价。这时候就要调整好自身的心态，去对照自己的行动框架是否与别人的建议相符，是否要进行方向的调整，明确自己想要的，第二次坚定自己的目标。

5. 沉浸式行动。结合对自己的了解设立一个沉浸式的阶段行动，设立一定的小范围目标。前期分配好内容就放下思虑，马上投入进行，这个时候很容易进入一种"心流"的状态，往往是最有效的行动方式。

6.累积复盘。每次小范围任务的成功都会累积一些经验和思考，这时候把之前的几个小范围捆在一捆里综合分析，放在一起比较、思考。同样，结合之前的框架，做出一些适当的更改。

7.反复修整——专家意见。这个阶段，在自己都挑不出毛病的时候，就要去问问专家，然后再次修整更改。

以上是根据我本人的性格分的几个板块，每次经历以上步骤，总能再次对这个过程加深理解，又有新的认知或是会结合本人的成长去掉一些约束。不断往复的过程，让我的"精熟的能力"有所提高。在我看来自己还是有很大的提升空间的，所有怀疑和不认可也都源自没有感受自己的内在力量。其实我现在正好处在停滞和否认期间，这段时间确实没有与自己对话，也确实没有冥想与内在连接，只是一味地沉迷在视频和物质享受中。所以我接受现状，放下对过去的批判和怀疑，就现在，感受内心的指引。最重要的是，将理想的自己落地到现实的世界中，自然而然地，给自己时间，沉浸在想做的事情中。

第六节 整合自我,重获"吸引力"

首先,我们来做一个小游戏,名字叫作"素描一个我"。我会给出五个问题,请你参考括号里的选项,逐一回答。回答的内容不限于括号里的条目。所有问题回答完成后,请将这些问题的答案按照"我是一个怎样的男人/女人"(或其他你认同的性别类型,如双性人)的方式串联成一句话并记录下来。注意结尾要以你认同的性别类型结束。

好,游戏开始:

1.你的穿衣风格是(参考选项:前卫,时尚,性感,可爱,朴素,运动,休闲,职业,舒适,自然等)?

2.你的性格类型是(参考选项:温柔,直率,易怒,急躁,平和,冷静,温文尔雅等)?

3.你的说话风格是(参考选项:柔声细语,滔滔不绝,不慌不忙,少言寡语,言简意赅,啰里巴嗦等)?

4.你的做事风格是(参考选项:雷厉风行,慢条斯理,毫无头绪,随心所欲,风风火火,坚定执着,大刀阔斧等)?

5.你对自己的总体评价是(参考选项:魅力无穷,简单平凡,闪闪发光,低调谦逊,目中无人等)?

现在,请你按顺序把这五个问题的答案串成一句话,比如:我是一个穿衣前卫、性格直率、说话滔滔不绝、做事随心所欲的闪闪发光的女人。不同的人可能会形成不同的、独特且有趣的组合。

完成后,请你再分别用"我想成为怎样的男人/女人"以及"我不想成为怎样的男人/女人"各完成一句话,例如:"我想成为穿衣干练、性格柔和、说话慢条斯理、做事不慌不忙的魅力无穷的女人。""我不想成为穿衣邋遢、性格急躁、说话啰嗦、做事犹豫不决的自卑可怜的女人。"

全部完成后,你可以把三个句子放在一起对比一下,看看自己的想法和感受是什么。

我们每一个人的自我,不仅是由"我是谁"构成的,也是由"我不是谁"以及"我想成为谁"构成的。如果你发现自己可以越轻松、越容易、越确定地完成以上语句,并且你写的"我是谁"与"我想成为谁"越接近,与"我不想成为谁"越相反,就表明你已经很好地完成了自我整合。如果你在完成的过程中感觉定义自己很困难、很犹豫、很不确定,或者"我是谁"与"我想成为谁"距离很远,与"我不想成为谁"

距离很近，就表明你还没有很好地完成自我整合。另外，你也可以感受你描述"我是谁"和"我想成为谁"的语句与你的"男人""女人"的性别身份放在一起是否和谐。你的感觉越和谐，也代表你越好地完成了自我整合。

你也许很好奇为什么这个练习一定要以"男人/女人"性别角色结尾呢？这是为了引发你对自己在青春期时，对性以及性别发展的关注。

一、青春期：整合自我

前面我们说过，孩子在六七岁时，就通过听故事认出了自己，找到了自己的脚本结局。在后续的岁月中，孩子逐渐学会每天怎样生活、怎样做事，从而走到那个结局。青春期时，孩子的脚本结局和脚本道路都已准备完毕，即将进行一次非常真实的带妆预演，就像春晚真正播出前的正式彩排。也许仍旧很仓促，但时间已到，孩子必须将之前学到的一切整合在一起，完成进入成人世界前最重要的准备。预演过后，孩子会根据预演的感受对脚本做出一些修改，之后，便会定稿。

对每个人来说，青春期都是一段非常不容易的时期，也是我们发展自我整合的力量、学会释放魅力的阶段。这个时期的我们将经历人生中极为特殊的一些事件：

首先，我们的身高和体重在快速增长，我们将第一次平视曾经仰望的巨人，甚至俯视他们。我们的身体拥有了力量，具备了与大人抗衡的可能性。就像伯恩在书中所说，一个青少年摔门而去比一个幼儿摔门而去要可怕得多。

其次，随着性的发育和成熟，我们具备了生育能力，在校园以学习为重的环境下，如何在异性面前展现自己，如何面对强烈却难以启齿的性欲，成为困扰很多青少年的难题。

另外，随着身体和生理发展趋于成熟，我们渴望他人能够以对待成人的方式对待我们，并渴望尽快在成人世界找到位置、扮演角色。但另一方面，我们的思维、情感和独立性的发展还远跟不上身体发展的速度。渴望独立的我们仍旧不得不依赖父母，像小孩子一样被管教和约束。因此，青少年的内心具有很强的矛盾感和压抑感。幼稚还是成熟、顺从还是反叛、保守还是性感，一对对矛盾摆在我们面前，等待我们给出答案。

如果父母和周围的大人能够协助青少年将内心不同部分的能量和谐统一起来，那么孩子将获得整合的力量，否则他的内心将是纠结、分裂和矛盾的。例如，父母在管理孩子的同时，也可以给他们一定的自主权，允许他们为自己负责；父母允许孩子打扮得美丽、帅气，富有女人味或男人味，同时，也可以教会他们正确的两性交往态度和自我保护意识。当孩子内心有了空间，就可以利用之前发展的智慧，找到容纳矛盾的方法。如果孩子被要求只能以某种方式行动（例如，现在还不是打扮的时候，要把心思放在学习上），那么孩子往往会二选一，要么自作主张，要么乖乖顺服；要么性感狂放，要么对性极其排斥。最终，不是变得格外压抑、顺从、自我否定，就是会格外放纵、藐视权威、在性方面不加限制。

因此，在青春期，允许孩子恰当地发展自主性以及与自身性别相关的性感和魅力对他们整合自我非常重要。这会为他们进入成人世界后敢于为自己做主、敢于散发自身魅力打下重要基础。反之，青少年将很难成长为能够良好自我管理，并能够恰当展示自身魅力的成年人。下面，我们来看一个案例。

/ 案例 /

小果是一位已经接近三十岁的女子，家里人经常催她结婚，但她感觉自己并没有这方面的需要。在她的感觉中，对人进行男性和女性的区分似乎并没有必要，因为她觉得"男性"和"女性"除了直观的生理差异，并没有什么不同。她很难感受到自己身为"女性"的感觉，也很少体会过恋爱和性的冲动。在她看来，好的人生发展就是找到一份好工作，并不断追求进步。然后，找到一个与自己匹配的丈夫、组建一个家庭，完成世俗意义上应该做的事情。她在恋爱结婚方面迟迟没有行动，是因为她不知道应该怎样开始和男性交往，以及如何在交往中与他们保持身体和情感上的亲密。她也不知道应该怎样展现自己的女性面。与男性打交道时，她常常以没有性别的方式与他们互动，很少从两性的角度表现出对他们的兴趣，周围的男士们似乎对她也没有什么兴趣。

案例中的小果生活在一个父母管教很严苛的家庭，即使她已经逐渐成年，父母也从未放手，鼓励她真正长大。青春期时，由于她与同学关系不理想，加之父母间复杂的婚姻危机，她从那时起便决定将自己与性议题（例如，展示自己的美丽、性感，建立恋爱关系）隔绝了。她只会从社会规范的角度考虑"男大当婚、女大当嫁"，但从未允许自己体验过对异性充满吸引力的感觉，也从未体验过与异性交往的渴望感及性方面的冲动。与性相关的内容始终被她排斥在外，因此，她无法充分地自我整合，也无法感知自身的魅力所在。相反，另一位女性，从小生活在一个鼓励孩子长大的家庭。进入青春期后，父亲会给她送香水、口红作为礼物，允许她打扮自己；母亲也会陪她逛街买喜欢的衣服。她能够深切地感受到父母不仅为她长大成人而高兴，也为她成长为一个美丽的、富有魅力的女人而高兴。

伯恩曾说：美丽并不关乎生理上的特征，而关乎父母的许可①。生理特征只能使一个人漂亮或上镜，而只有父亲的笑容才能使一个女子眼中散发出美丽的闪光（当然，我认为母亲的笑容也具有同样的作用）。我想，你一定见过一些人，他们的外形并没有特别漂亮或帅气，但是他们会精心打扮自己，由内而外地散发着一种相信自己很美的自信态度，这种独特的气质让你感觉他们相当有魅力，并且你真的会越来越感到他们很美。相反，还有一些人，他们从外形来看很漂亮，却不会打扮自己，也无法显露出相信自己很美的气质，甚至还常常畏畏缩缩。前者属于拥有美的许可的人，而后者则没有。长久以来，在大多数人心目中，"喜欢打扮"似乎都是一个暗含贬义的词。青春期的男孩或女孩注重个人形象往往被看作臭美和不务正业的表现。漂亮的女性又往往与"危险"相联系，例如，漂亮的女性容易被人"盯上"，遭遇危险；漂亮的女性容易像苏妲己一样迷惑他人，成为红颜祸水。另外，出于"乱伦"禁忌，异性父母也常常会回避青春期男孩、女孩与性相关的发育和变化。正是这些原因，不少人在青春

---

① ［美］艾瑞克·伯恩：《人生脚本：改写命运、走向治愈的人际沟通分析》，周司丽译，中国轻工业出版社2021版，第120页。

期很难恰当地发展与自身性别相关的性感和魅力。

二、抓住"重返青春期"的时机

现在，我邀请你来回顾一下自己的青春期。你觉得自己获得了足够的自主了吗？你看过父母眼中对你散发出欣赏的笑容吗？还是感觉父母会忽视甚至嫌弃你与性相关的发展呢？你觉得自己的内心是完整的，还是分裂、矛盾的？如果你已经拥有了自主和美的许可以及完整的内心，祝贺你！如果没有，也不要紧，我们可以再次学习自主和性感，更好地整合自我。需要注意的是，这里的性感不仅包含字面含义——与性相关的吸引力，也包含一个人具有的独特气质和个性魅力。

帕梅拉·莱文认为，当我们进入青春后，会快速把之前的五个阶段再发展一次，实现整合与再生：13岁时因为身体发育需要吃得更多、睡得更多，会再次体验到被照顾、停止行动以及与他人保持亲密连接的需求。之后，会开始做很多尝试和探索，14岁左右时会因为需要发展更高水平的思维和独立，开始人生的下一个叛逆期，回到想说"不"和打破界限的状态。15岁左右时开始将与性相关的议题整合入"我是谁""我的人生是怎样的"等问题，并通过两性间的互动寻找答案。16岁左右时会通过打破依赖的关系，主动越过父母、老师等成人教授的方法与价值观来建立成熟的自我。

按照潘·帕梅拉·莱文的估算，年龄处于13至18岁的倍数时，是自然循环路径中重返青春期的阶段[1]。另外，人生中发生的一些事件，也会激发我们回到青春期的感觉和心境中，给予我们再次发展自主与魅力、实现整合的机会。例如，当你看了某部青春偶像剧，结识了年轻的朋友，参加了初、高中同学的聚会时。总体来说，如果你在某个时间产生了以下感觉，就进入了重新整合自我、重启吸引力的好时机：

1. 感觉自己很天真、很青春；
2. 常常想找一个地方闲待着，例如咖啡馆；
3. 关注性、与性有关的情绪、如何性感等议题时。

《北京青年》是一部经典的电视剧，被称为"青春三部曲"之一。男主角何东27岁，毕业后做了5年公务员。他一直按照父母的期待过着千篇一律的生活。某一天，他看了一档节目。节目中一位年轻的女孩儿讲述了自己各地旅行，通过旅行中的人和事扩展了眼界和胸怀，感受到了内心的喜好，从而变得更快乐的经历。女孩的分享触动了何东，他辞去了公务员的工作，换掉了古板的服装和发型，到户外主题餐厅打工，之后和兄弟、朋友几人开启了边旅行边谋生的青

---

[1] [美]帕梅拉·莱文：《发展的循环：生命中的七个季节》，田宝等译，机械工业出版社2021年版，第129页。

春之旅。在影片中，他有一句经典名言——"重走青春"，这其实就是人的发展再次循环到青春期的表现。

三、整合自我的三大要点

那么，我们可以怎样提升自主，敢于展示性感与魅力，从而完成自我整合呢？最重要的思路就是"允许自己长大成人，并允许自己成长为成熟的男人/女人"。在这个过程中，有三个要点需要注意：

1.允许"儿童自我"长大

你需要意识到现在的自己，不再是仰望父母的孩子。你和父母在身体层面的平等，也带来了思想与权利的平等。现在的你不需要外表成熟，内心幼稚。表里如一的时候到了！你的身体不仅已经成长为大人，心智也可以成长为大人。你需要看到、接受并好好利用自然赋予你的这份力量。

2.区分"我想做的"和"别人想让我做的"

自主，简单而言，就是为自己做主。只有能够自主的人，才能够成为拥有魅力的人。那么你可以如何提升自主呢？有一个小技巧，我把它叫作"暂停三问"。这是指每次在做选择之前，先在头脑里暂停片刻，然后问自己以下三个问题：

（1）这是我自己想做的事吗，还是别人希望我做的？

（2）我在迎合别人的需要吗？我有没有貌似自己在做决定，但其实是在听从别人的建议？

（3）此刻，来自他人的声音是什么，而我内心真实的想法又是什么？

只有你敢于说出"我听到你说了什么，但我有自己的想法，我的想法是……"时，才有可能实现自主。当你开始使用这个小技巧时，随着练习，会变得越来越熟练。我们来看一个例子。一位男生大学毕业后就进入了一家国企工作。这份工作看起来非常体面，但对他来说很无聊，薪水也不理想。他特别想辞掉工作，寻找新的可能性。但每次冒出这个想法，家人的各种声音就会向他袭来："这个工作不是挺好吗！再找还不一定比这个好呢！你找不到工作怎么办！怎么生活！……"每当这些声音出现，辞职的想法就被一拖再拖。他过得很压抑，却缺乏力量做出自主的决定。他发现其实不仅是辞职一件事，生活中还有很多事他都不敢依照自己的想法去做。之后，他开始刻意从生活中的小事去觉察、去练习：当朋友建议他们去哪里吃饭时，他会停下来问自己：（1）我是真的想去这里吃吗？（2）我有没有在迎合朋友的需要？（3）我真正想吃的是什么？当同事一起讨论工作分工时，他也会停下来问自己：（1）分配给我的工作是我愿意做的吗？（2）我有没有在迎合同事的需要？（3）关于工作分配，属于我的真实想法是什么？……虽然他不能每次都做得很好，但他就这样在一件件日常生活事件中，学习分辨他人的想法和自己的想法，并学习支持自己。大约经历了两年，他终于感到自己获得了足够的力量，可以做出属于自己的人生选择。

3. 练习表达性感和魅力

允许自己表达性感和魅力，也意味着允许自己积极尝试，成长为一个具有独特风格、亮点和色彩的男人或女人。你可以从改变自己的服饰、发型、声音、姿态等方面开始练习。这里我想强调的是，练习表达性感与魅力并非指一定要向传统的男性或女性形象发展（例如，强壮的男性、温柔的女性），而是去大胆尝试那些你想拥有但感觉自己很难做到的特质。例如，有的女性特别渴望自己穿着美丽的裙子优雅大方地说话、做事，但实际的样子总是穿着运动装风风火火地跑来跑去。这并不是说，所有女性都应该穿裙子，表现得优雅大方，而是说，如果那是你内心渴望的、想要的，即使感觉陌生，也要勇于尝试。再比如，有些男性，总是觉得自己很严肃、紧张、无趣，单位有活动时总是尴尬得不知道与身边的人说什么，但内心其实特别渴望自己能够放松、幽默地与别人谈笑风生，展现自己的魅力。此时，他就需要启动精熟的力量，去观察、学习、练习，敢于成为那样一位魅力四射的男人，而不是紧张羞怯的小男孩。

通过上面这些尝试，你可以从以下四方面完成更好的整合：

（1）整合自己与他人的关系：你可以倾听别人的想法，表示尊重。如果有建设性的部分，可以吸纳；同时也会尊重自己的心声，在关系中做到"我好—你好"。

（2）整合自己性与非性的面向：你可以将与性相关的自我认识与已有的自我认识进行整合，形成更为完整的自我认知。

（3）整合真实自我与人格面具：你因为能够自主而不需要伪装自己、迎合他人，允许真实的自我与从人格面具背后走出。

（4）整合现实自我与理想自我：随着你的自主发展及不断明确心中的理想自我，你能够利用其他阶段发展的各项能力将现实自我与理想自我不断靠近，从而实现内心和谐与自我认可。

本节练习：魅力尝试

本节我邀请你完成的练习是"魅力尝试"——展示一次与自己性别相关的魅力。

第一步：想一想你目前还不太具备，但内心又渴望具备的一种与性别相关的魅力。不要一下子完成一个巨大的转变，例如瘦身20斤，而是在一天时间内可以尝试的内容，例如涂鲜艳的口红、烫头发、打耳洞、穿职业套装、温柔或幽默地说话等。

第二步：找机会完成以上内容，最好可以把完成的情况用视频、音频或图片的形式记录下来。

第三步：回顾、反思并且记录下整个尝试过程中的感受。

以下是学员的分享。

学员秦艺菲

因为之前很多年都不认同自己的女性身份，穿衣打扮都是中性风格，颜色都是黑、蓝、灰，几乎不穿裙子。跟女性有关的蕾丝边、百褶裙、短裤、一步裙、性感内衣、丝袜、口红、眼影等从来不碰。学习之后尝试改变，衣服颜色开始多了肉粉色、杏色、绿色，少了黑色、灰色。有件花色的睡裙，买了一直没怎么穿，前几天家居服没得换了，拿出来想穿，犹豫了一下还是放回去了。心里的声音还是觉得自己不够女人，穿着心里别扭。学完这个课程后，昨晚又拿出来穿上了，儿子说妈妈真漂亮。刚才认真看了一下，也觉得自己穿上挺漂亮，心里美滋滋的。其实从一件简单的小事改变，也会给心理莫大的安慰和鼓励。改变从小事做起！

学员张桂书

听到性别魅力的部分，我的心情是沉重的，因为我的意识里女人爱打扮就是不好的，是风流的，是坏女人。长大后被人说长得好看，我竟然会觉得羞耻。所以我总是素面朝天，穿衣服也相当保守，化妆品平时总是会买很多，彩妆部分总是买了放过期，再买，再放过期。这个问题我要深挖根源，慢慢地解放自己的性思想。今天，我很认真地涂了放在包里的口红，平时也只有参加聚会才会用。虽然仅仅是涂了薄薄的一层颜色，但是看着镜子里的自己，整个人都显得精神了，脸部的五官也变得精致了，气色也好了很多，心情也变得美美哒。走在下班的路上，我自信地昂着头，碰见熟人也更加愿意打声招呼，仿佛我和整个世界融为一体了，一扫这几天的挫败和自卑感。我感到自信、喜悦，还有对未来美好生活的期待。

本章小结

本章，我们探讨了脚本发展经历的六个阶段，以及每个阶段需要发展的能力。从出生开始，如果你逐一发展出了存在力、行动力、思考力、认同力和精熟力，就可以在青春期对其加以整合，形成独特的风格和魅力，为在成人的世界找到恰当的位置和取得成功做好准备。

根据我们本章的学习和讨论，你可以利用下面的"脚本年轮"图对自己的脚本发展进行总结：在你已经发展得较好的能力上涂上喜欢的颜色，在需要重启的能力上涂上能够鼓励自己的颜色。

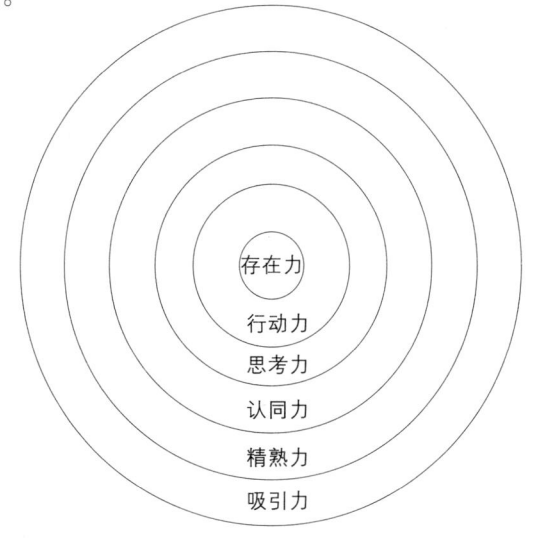

存在力
行动力
思考力
认同力
精熟力
吸引力

如果你的某种能力在第一轮发展中已经发展得很好,祝贺你,那个阶段的你是幸运的!如果你的某种能力在第一轮发展中没有得到充分发展,也不要惊慌。成年后,我们总有机会再次重启每种能力!

当你感到对什么事都提不起兴趣,能量枯竭时,可以重启"存在力";

当你做事犹豫拖拉,想突破现状又缺乏行动时,可以重启"行动力";

当你缺乏独立而鲜明的个人观点,无法既能有效表达认同,又能有效表达反对时,可以重启"思考力";

当你对自己想成为怎样一个人感到迷茫时,可以重启"认同力";

当你不知如何解决问题达成所愿时,可以重启"精熟力";

当你感觉自己缺乏个人风格与魅力时,可以整合自我,重启"吸引力"。

第三章

放下执念,创造全新的人生脚本

我们每个人既然来到这个世界，自然都渴望拥有幸福的人生。然而，幸福地活着并不容易。从客观的情况来说，我们已经经历了许多真实的磨难，例如，洪水、地震、海啸、山火、车祸、亲友离世等。不健康的脚本更像我们主观创造出来的磨难：我不重要、我不被爱、我不够好、我很失败……

从本质来说，我们每个人都渴望拥有幸福和满足的人生，但一些消极事件的发生，可能会使人们不敢再有这种奢望，转而痛苦或不满足地活着。伯恩曾做过一个形象的比喻，一叠硬币垂直地叠在一起，如果突然有一枚硬币歪了（创伤事件），那么，后面再叠起来的硬币，都会朝歪的方向增长。

上一章，我们了解了在人生第一轮发展中，脚本形成会

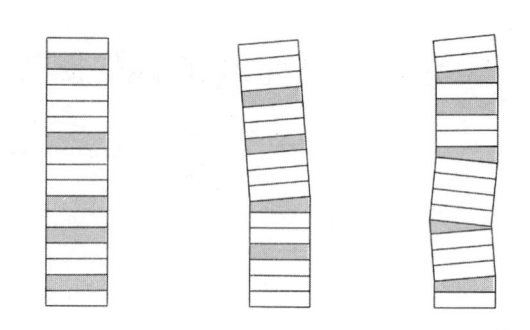

无创伤的健康脚本　　单一创伤脚本　　多重创伤脚本[1]

---

[1] ［美］艾瑞克·伯恩：《心理治疗中的沟通分析：一个系统化的个人及社会精神病学》，黄珮瑛译，中国轻工业出版社2023年版，第43页。

经历的六个阶段，以及孩子若想形成健康的脚本，环境需要支持他在每个阶段发展出怎样的能力。如果正常发展受到阻碍，对孩子来说，属于创伤经历。

在上一章，我也邀请你尝试了一些很小但很重要的练习，试图通过这些练习帮助你找回还未充分发展的能力，把那些"歪掉的硬币"摆正回来。这一章提供了重写人生脚本所需的七项重要技能，它们可以帮助你在日后持续自助：当你不小心再次走到"硬币歪掉"的方向时，能够及时摆正回来；"摆正"后，能够维持稳固的状态，不再那么轻易又"歪回去"。

第一节　滋养自我，与头脑中负面的声音说再见

一、头脑中的声音

我们的头脑中充满了各种各样的声音，在日常生活中你是否留意过？例如，当你点了一份很好吃的比萨，闻到了它的香味，虽然嘴上没有说什么，但头脑中可能飘过一句"好香啊"；当你走在拥挤的道路上，不小心踩掉了前面一个人的鞋，你可能马上会说对不起，并同时在脑中响起"太尴尬了"的声音。再比如，你现在坐在安静的房间里，突然听到意料之外的疯狂音乐，头脑中可能又会立刻出现"什么鬼"的声音。

我们头脑中的声音在不断上演，数量巨大，几乎没有穷尽。如果你不信，可以试试下面这个小游戏：用你的左手抓住右手的食指，感受下你的左手正在对右手食指说什么，右手食指又在回应什么。如果你仔细倾听，很快就会发现它们正在你的头脑中进行着有趣且生动的对话。你听到了吗？

头脑中不同的声音会带给人完全不同的感受。下面有十句话，请想象这十句话是你对自己说的，并体验当你听到这些话语时，自己的身体感受和情绪感受：

1. 这个想法真不错！
2. 别慌，慢慢来。
3. 你真是受委屈了。
4. 出点儿错没关系，下次可以做得更好。
5. 很棒！继续加油！
6. 你看看别人，再看看自己！
7. 动不动就哭，太脆弱了！
8. 肯定没人喜欢你。
9. 赶快放弃吧！
10. 你永远都这么差。

我相信你很容易就可以发现，前五句是带有关爱、理解和赞美的话语，后五句是带有批判、否定和贬低的话语。听到这两类声音，你的身体和情绪感受，有什么不同？如果是我，听到前一类话语，我会感觉心情愉悦，身体放松；如果听到后一类话语，我会感觉泄气、愤怒，胃不舒服，并在脑中开始回击。你是什么感觉呢？

二、三种自我状态

脚本理论所属的沟通分析流派认为,我们每个人都有三种自我状态,分别是"父母""成人"和"儿童"。顾名思义,父母自我状态指的是我们在成长的过程中,在大脑里原封不动地记录下了父母或其他重要他人的思维方式、行为方式和情感表达方式。简单来说,就是我们会发现自己在某个时刻,突然活脱脱地变成了自己的爸爸、妈妈或其他某个重要的大人(例如,爷爷、奶奶、大伯、姑妈、老师等)。我们的思维、行为和情感表达方式与他们一模一样。例如,当我们对孩子、弟弟妹妹或朋友进行说教时,很容易就会用父母曾经说教自己的方式来说教他们,这时我们就处于父母自我状态。

儿童自我状态很简单,指我们虽然已经二三十、四五十甚至七八十岁了,但在某些时刻,我们的思维方式、行为方式和情感表达方式和几岁的自己一模一样。简单来说,就是你的外表虽然是个大人,但某个时刻,你的思维和心态突然变成了几岁的自己。例如,你用很便宜的价格买到了一个很棒的东西,觉得自己特别幸运、特别得意,就跑去和别人炫耀。此时,你的思维、行为和情感与你小时候和小朋友炫耀新玩具时是一模一样的。再比如,当你被指责时,如果与小时候受到批评时的紧张无措是一样的,这时,你就进入了儿童自我状态。

成人自我状态指的是此时此刻，你的思维、行为和情感表达方式与你的年龄匹配，对当下的环境适宜。你根据当下环境的要求及自身状态，不断做选择、做判断，以求最好地解决问题。例如，你正在一边看书，一边理解这三种自我状态及其对自己的适用性，就是处于成人自我状态。

你觉得此时此刻的你处于什么自我状态呢？如果你是在认真理解、加工我介绍的这些信息，很可能是在成人自我状态；如果此刻你正在头脑中说"这是什么呀，是抄精神分析的本我、自我、超我吧"，你可能处于批评式的父母自我状态，就好像你的父母质疑某事的样子；如果你此时的反应的是"啊，好烦啊，看不懂，不想看下去了"，你可能是处于烦躁的儿童自我状态。

认识三种不同的自我状态可以帮助你觉察头脑中不同的声音以及不同声音的来源。要想自主地建构起满意的、精彩的脚本，我们的三种自我状态需要协调工作：首先，我们的儿童自我要感到安全、愉悦，这样，我们才会有好奇心和探索欲，才愿意积极尝试；其次，要想拥有这样的儿童自我状态，离不开父母自我状态的温和友善、包容理解，即使有所批评，也是善意提醒，而不是恶语相向；最后，我们的成人自我要一直处于工作状态，不断评估环境的要求和自己的需求，从而做出最佳选择与判断。举例来说，已经到了休息时间，但你还在追剧。这时，你头脑中的各种声音就会开始活跃。儿童自我说："我不要睡，我还要看！这么好看，我必须看完。"父母自我说："别看了，快去睡！明天起不来，你到时又会自责！"如果你的成人自我足够强大，就会跳出来主持局面，说："儿童自我，你说得对，真是非常好看！父母自我，你也有道理，已经很多次了，她确实是看剧一时爽，第二天又起不来。现在，我做出决定，边看边洗漱，半小时后不管演到哪里，都到此为止。"所以，你看到了吗？从表面来看，你只是在那里看手机，但其实，你的头脑内部早就上演着另一出精彩的戏剧了。良好地解决问题来自成人自我对父母自我和儿童自我的倾听与接受，并根据环境要求，做出每一方都支持的决定。

以上描述的是理想情况。在现实生活中，很多人的这三种自我状态并不能相互协作，典型情况有两种：

（1）抑郁。一个人的父母自我对儿童自我说："你不好，你不行。"儿童自我说："是的，我就是这样。"成人自我说："我也不知道该怎么办。"

抑郁者头脑中的声音

（2）愤怒。一个人的父母自我对儿童自我说："你不好，你不行，你必须按我的要求做。"儿童自我说："我凭什么听你的，我就不。"成人自我说："我也不知道怎么办。"儿童自我坚持与父母自我做斗争，然后引来父母自我更强的批判和控制，接着又是儿童自我更强的反抗，陷入恶性循环。

愤怒者头脑中的声音

第三章 放下执念，创造全新的人生脚本 .. 143

儿童自我对父母自我无论是顺服，还是反抗，还是交替进行，如果成人自我都不管不问，不主持局面，就会导致我们陷在自我的不同部分之间的否定、质疑或冲突中，不断内耗。

三、觉察6种声音

接下来，请你回归自身，感受一下自己头脑中经常听到的声音。你可以回顾自己正在读书的这一天，到现在为止，这一天过得怎么样？你如何评价呢？想一想你的头脑中都出现了哪些声音，其中，有哪些是来自父母自我的声音？哪些是来自儿童自我的声音？你的成人自我又有没有出来主持局面，给自己一些中肯的评价呢？

我们先以畅畅的一天为例，看看他头脑中都启动了哪些声音。这一天，他起得有点晚，迟到了十分钟，头脑中最先启动的是父母自我批评的声音："今天又晚了，不应该啊。"天气有点冷，中午他买到了一份热腾腾的美味米粉，头脑中启动的是儿童自我的愉悦声音："太美味了！生活真美好！"下午，他收到通知，说他做的策划效果特别差，几乎没有引起任何关注。他的儿童自我又出来说："我真是太差劲了，可能根本不适合这份工作。"接着，他的滋养型父母自我说："没事的，虽然你已经有了一些经验，但还是有很多要学习的内容，你没有那么差。"他的儿童自我感觉好了一些，之后成人自我开始工作，说："一直沮丧是没用的，我还是要找到问题，不断提升自己的能力才行。"于是，他去找同事讨论策划到底哪里出了问题。快下班时，他感觉自己特别疲惫，儿童自我又出来说："我好累啊，我想休息，不想工作了。"但是他的批评控制型父母自我又出来说："该完成的任务还没有完成，不能休息，把今天的任务完成后再休息！"他的儿童自我又不开心地说："我不想工作……"

就像这样，你可以回顾并感受一下自己的这一天，头脑中都有哪些声音出现。更详细来说，我们头脑中有六种声音，分别来自：养育型父母、批判型父母、顺从儿童、反叛儿童、自由儿童和成人六种状态。他们的含义和它们的名字一样容易理解。

养育型父母：当处于养育型父母状态时，我们对他人或自己表达关心、照顾、理解。

批判型父母：当处于批判型父母状态时，我们对他人或自己表达指责、要求、控制。

顺从儿童：当处于顺从型儿童时，我们就是小时候的乖孩子，配合、听话、不敢反抗。

反叛儿童：当处于反叛型儿童时，我们就是个叛逆、敌对、和大人怄气的孩子。

自由儿童：当处于自由型儿童时，我们就是自然的、放松的孩子，能哭能笑，能玩能闹。

成人：当处于成人状态时，我们的思想、行为和情绪表达都与年龄相当，关注于获得信息和解决问题。

你可以想一想，今天到目前为止，你听到的最多的两种声音来自哪种自我状态，最少的又来自哪种自我状态呢？

要想充分发挥我们在上一个模块重新获得的各种力量，并利用这些力量写出精彩的、满意的人生脚本，离不开养育型父母的自我鼓励、自由型儿童状态的灵动与放飞，以及理智的成人状态对事态的稳妥把握，我把这种自我状态的组合称作"发展型组合"。而糟糕的人生脚本，基本来自批判型父母的否定与苛责、顺从型儿童的唯命是从或叛逆型儿童的愤怒、怨恨和报复，我把这种自我状态的组合称为"限制型组合"。

那么，我们可以怎样更经常处于发展型组合，避免掉入限制型组合呢？一个重要的方法就是持续觉察头脑中的声音，当意识到消极的声音出现时，学会叫停和替代。

由于头脑中的声音太多、太频繁，我们常常对它们十分适应且不自知，这会导致我们在很多有时候只是感觉不好，而并不能清晰地捕捉到它们。我们来看一个案例。

/ 案例 /

培训师小哲刚完成了一场培训，整体培训效果很不错。但在结束时的一个瞬间，他的感觉开始变得不好了，有一种隐隐的失落和失败感。他也说不清为什么感觉不好，总之就是觉得自己没有做好。

后来，他反复回顾，想起自己在培训结束时看了一眼手机，时间比预期晚了六分钟。他发现，就是从那一刻开始，自己的感觉变得不好了。他头脑中闪过的声音是：超时太多了，一两分钟还可以接受，六分钟就太长了！正是因为这个声音，他认为自己的培训没有完美落幕，所以才感觉自己失败了。

案例中的这位培训师小哲对自己一直有"要完美"的要求，他的父母也一直强调事情只有做到完美才是正确的。他也认为自己只有做到完美，才能体现自己的价值，否则自己就是不重要的、没有存在的意义的。因此，他内心常常用批判型父母的声音苛责自己。每一次犯了错，他都会感到自己很失败，很没有价值感。这一次，他及时做出了调整，用养育型父母和成人自我的声音替代了批判型父母的声音：这个培训教室没有钟表，我没法时时看手机，完全依据自己的感觉把握课堂上的时间，时差控制在十分钟内，已经很不错了。

另外，学员们结束时态度还是挺积极的，并没有因延时六分钟而表达不满意和不愉快。所以，我可以放下对自己的苛责，享受成功完成课程的喜悦。下次我也可以请主办方准备一个钟表，更好地把控时间。调整之后，他的心情很快就好起来，很开心地和朋友聚餐去了，而且觉得自己做得还不错，体验到了成功感和价值感。

成功而满意的脚本就是用这样一次次成功而满意的经验串联起来的。觉察头脑中负面的声音，替代为正向的声音，你才可能鼓励自己、认同自己，在不断改进做法的同时体验到成就感和满足感。然而，很遗憾，很多人都有"不要感到满足"的禁止信息，常常恐惧自己一旦感到满足，便不会再努力了。其实，感到满足与努力进步并非对立物，我们可以一边对做得好的方面感到满足，一边在不足的方面继续努力改进。

本节练习：声音觉察与替换

我在过去的咨询和教学经验里发现，停止头脑中的负面声音，替换为正面声音，是说起来简单、做起来难的事。越是具有破坏性的脚本，负面声音就越多。本节，我邀请你觉察头脑中批判苛责的声音,并将其替换为滋养的声音。苛责和批判,并不会给你改写脚本带来更多力量,滋养和鼓励才会。

第一步,请你列出今天在你头脑中出现的,或者经常在你头脑中出现的三个批判型声音。

第二步:分别用滋养的声音替代它们。替代的方法是找到自己不容易的方面以及值得肯定的方面。如果你很难做出替代,可以想一个常常给你支持和认可的人或你非常认同的影视作品形象,想一想他会对你说什么。

第三步:自己读三次替代后的语言,如果可以,找一位或几位信任的家人或朋友再给你读几次。

完成整个练习后,对你的体验进行反思。以下是学员的分享。

学员千翻儿

第一步:经常出现在我脑海的批判的声音:

1.不要浪费时间,抓紧呀,你都多少岁了,还没成功,这辈子很短呀!

2.你还不够优秀,看那些伟人,你算什么,这条路你不会闯出名堂!放弃吧,换一个!

3.你还不够努力,你看你现在在做什么,别人在做什么,你怎么和别人比,必须很努力!

第二步，替换为：

1. 你三十岁了，经历了这么多事情，对人生和世界的认识，不是一个随随便便二十出头的人能够比较的。经历了这么多困难和折磨，你有很强的面对困难的勇气和实现梦想的决心，以及合适的方法，不得不承认这就是你已经拥有东西呀。你背负着从父母那里承担下来的原生家庭问题，并且被父亲抛弃，又遇到恶友。你一直在不停地努力思考和探索，并且顺利读完大学，这些年的辗转生活后，还能如此保持学习进步已经很不容易了。没关系的，你可以为自己而活，轻松自在地活，只要是真实的自己，也好过那些委屈的、压抑的、强迫的、惩罚性的过去呀。慢慢来，不要急，慢慢加油。一天一天就会好起来的。

2. 你从一个普通工人家庭里出来，父母文化水平也不是很高，也没有十分优秀的老师和给你细心指导的人。求学和成长之路，又遇到这么多生活变故。你凭自己努力，写了一手还可以的字，又自学吉他，能够去当老师，能够去酒吧演出，会跆拳道，自己还从零到有地创业过，也去这么多公司实习过。在个人能力方面，职业阅历上已经比一般人优秀了。你希望能闯出名堂，现在你才三十岁，还有很多机会，现在开始也不晚的，亲爱的，没人能够预知未来，包括你的明天，好好前进就会靠近彼岸的。

3.你经历这么多消耗你内心能量的事,还一直不得喘气地背负着心理压力,在这种压力下还得不停思考,被内心的皮鞭抽打着。像你这样痛苦、受苦的人并不多。你已经很不容易了,并且从未停止过努力。从这些工作经历和长达一麻袋笔记本的思考,你已经很努力了,对于实现理想和脚踏实地,你都付出很多,你从不贪图玩乐,一直压抑着个人感受,也算是非常努力的人了。孩子我们慢慢来,一步一步,活得精彩有价值的同时,也获得自在和真实。加油。

第三步:读完三遍后,已经眼角泛泪,我感受到小时候父母极度严苛和攀比式教育的声音,已经内化成为非常严厉的、指责的内在父母的声音,压得我喘不过气来。而现实中的自己,已经是一个非常自律、优秀、美好的年轻人,但他始终被这种声音压迫着。我感觉到我同时也是爱自己,心疼自己的,我为自己付出的努力而感动。我也相信,我会变得越来越好,而且现在的我远没想象中的那么糟糕。和自己和解吧。

学员棠棠

第一步:

1.你不够努力,那么多比你优秀的人比你还努力

2.你不够好,不够优秀

3. 他（她）不喜欢你

第二步：觉得有点难。上面的话确实是批判，但是我感觉也挺真实的。我甚至有点阻抗做这一步，不知道孙悟空戴久了金箍，拿下来是不是会不习惯。

1. 你不够努力

【滋养的声音】我知道你一直非常想做一个持之以恒一以贯之的努力的人，也特别钦佩那些努力勤奋的人，自己现在还没有做到这种地步，但是你也慢慢在努力了，耐心地去做好小事，耐心地去认识自己、去认同自己、去改变自己，这些都是需要付出耐心的呀。就像现在，你终于能去有兴趣和耐心地去看书了，不为了考试，不为了炫耀，只是自己觉得想看，这不是你一直想要的状态吗？什么时候都不晚啊。

2. 你不够好

【滋养的声音】你以后一定会很好的。你现在就挺好的。

3. 他（她）不喜欢你

【滋养的声音】很多人都喜欢你的呀。你的爸爸妈妈，你的姐姐们，你的姐妹们，还有同事们，很多人都喜欢和你相处的呀。喜欢你的真诚柔软，喜欢你的善解人意，喜欢你的有趣有梗，喜欢和你一块儿玩。我们都喜欢你的呀。

第三步：读第一遍的时候没有太多感觉，读到第二遍的时候感觉有点哽咽，尤其是那句"你以后一定会很好的"，这是一个很重要的人曾经对我说的，我总想他那么厉害又不撒谎的人这样说，那一定会的。读到第三遍的时候感觉像和那个她对话，轻轻地摸摸她的头，大大地抱抱她，拍拍她的肩膀，告诉她，你以后一定会很好的。

第二节　允许自己接受安抚，修补内心的"破洞"

改变是一个不容易的过程，需要持续行动并耗费很多心力。上一节我们学习了如何将消极的内部语言转化为滋养的内部语言，从而为自己注入力量。本节，我们将学习如何善用他人的力量，促进自身的改变。

心理学史上有一个非常著名的"感觉剥夺实验"，是20世纪50年代，心理学家有史以来进行的第一次剥夺人类感觉的实验。实验者请参加实验的人躺在一间特别的实验室中的一张很舒适的床上。室内经过特殊处理，非常安静，听不到一点声音。参加实验的人要戴上护目镜，看不到任何东西；两只手戴上手套，触摸不到任何东西；腿脚也用纸卡卡住，不能移动。吃喝由实验者安排好，不需要移动手脚就能完成。总之，来自外界的刺激几乎全被消除了。还有一项关键因素，他们躺在这间小屋，每天可以得到20美金！时间不限，越长越好。20世纪50年代每天20美金是什么概念？

那时大学生打工1小时才只能得到50美分,工作10小时才能得到5美金,而参加这项实验,躺在那里24小时就能得到20美金!用我们当代的情况做一下比拟,假如你辛苦工作10小时能够赚到100元,辛苦工作20小时能够赚到200元,而只是躺在那里24小时,就可以得到400元,真可以说是活脱脱的躺赢人生啊!

如果是你,在这种情况下,你会进去躺几天呢?你还可以再猜想一下,当时参加实验的人又躺了多少天呢?

答案是所有的实验参与者很难坚持两天以上!刚开始,参加实验的人还能安静地睡觉,但稍后就开始失眠,不耐烦,开始自己唱歌、吹口哨,自言自语,用两只手套相互敲打。他们开始变得焦躁不安,不舒服,总想活动。即使多待一天就能多拿一天高额报酬,也无济于事,人们还是待不下去。让人更为惊讶的是,实验结束后,参加实验的人都出现了注意力涣散、思维受阻、智力下降的现象,甚至有些人出现了幻觉。

后来,这个实验因为对人太过残忍而被叫停。然而,这个实验却发现了一直被人们忽略的重要事实:外界的刺激对人如此重要,如果没有这些刺激,人将很难正常地活着。

一、安抚：认可存在

对人类而言，我们需要什么才能心理健康地活着呢？首先，请你完成下面的想象练习：

一天早上，你起床离开家后，到一个早点摊儿买早餐，你对摊主说："师傅，来个饼！"但是师傅完全没有听到，招呼着别的客人。你到了单位，看到很多同事聚在一起聊什么事情，你走过去问大家："你们在说什么呢？"没有人听到你的提问，他们继续着自己的讨论。你看到大家都去了会议室，也跟着进去了。今天是一场培训，培训师讲完一段后，问："大家有问题吗？如果有，可以提问。"你举起手，大声说："我有问题。"可是培训师说："好，如果大家没有问题，我们继续。"你感觉十分怪异和生气。你继续走在路上，看到一个人很不顺眼，于是过去打了他一拳，那个人只是奇怪地揉揉了脸，便继续赶路了。似乎没有任何人看到你的存在，如果一直这样持续下去，你觉得最终你会怎样呢？

我曾经问过一些学员，有人回答说如果只是短暂如此，他还觉得挺轻松自在，但如果时间很长或者永久如此呢？大家开始说会感到愤怒、痛苦、感觉自己被世界遗忘了，要疯了，甚至不确定自己是不是还活着。

要想保持心理健康，每个人都需要得到他人对我们的存在的持续肯定。他人每一项承认或肯定我们存在的行为都被称作"安抚"。因此，假如别人给了你一个微笑，算安抚吗？算的，因为他看到并认可了你的存在。别人拍了拍你的肩膀算安抚吗？也算的。别人对你说：早上好，算安抚吗？也算。难题来了，那别人骂了你一句或打了你一拳，算安抚吗？答案是，是的，也算。虽然别人骂你或打你让你感觉不好，但也认可了你的存在，所以也是安抚。让你感觉好的是积极安抚，让你感觉不好的是消极安抚，但在本质上都认可了你的存在。

安抚可以以不同方式划分为不同类型。第一种是根据获得安抚时自身的感受，划分为积极安抚和消极安抚。第二种是根据表达方式，划分为言语安抚和非言语安抚。例如，夸奖别人是言语安抚，摸摸头是非言语安抚。第三种是根据获得安抚是否基于某种条件，分为有条件安抚和无条件安抚。例如，只有你学习成绩好、听话、打扮得漂亮，我才会夸奖你、喜欢你、爱你，这就是有条件正面安抚；而不管你成绩好不好、是不是听话或打扮得漂不漂亮，我都喜欢你，就属于无条件积极安抚。反过来说也许更好理解，我不会因为你成绩不好，不听话或打扮得不漂亮就收回对你的积极安抚，就属于无条件积极安抚。

给予他人负面安抚时要格外小心，一定要给有条件的负面安抚，例如：你不认真完成你应该完成的任务，我感觉很不好。无条件负面安抚具有非常强的破坏力，例如：你这个人就是垃圾；你这个人就是烂泥扶不上墙；没什么原因，我看见你就觉得恶心。这些无条件的负面安抚，对一个人具有毁灭性的打击。

沟通分析理论的一项基本观点是安抚，特别是积极安抚，是人必要的心理需求。我们对安抚的需要是贯穿一生的。我们需要别人对自己的存在给予不断肯定，才能维持心理健康。

二、安抚与脚本

安抚与脚本发展及重写脚本有什么关系呢？其实，安抚和脚本的联系特别紧密。

首先，一个人获得安抚的形式决定了他的脚本类型。

例如，一个孩子的父母特别忙，没有时间给他那么多关注和安抚，也没有其他大人给他很多支持，那么，他在自己的脚本故事中，就可能选择孤独又坚强的角色，长大后会经常与他人保持距离，依靠自己满足自身的各种需求。如果一个孩子的父母总是给他有条件的积极安抚，那么，他很可能形成迎合他人的"要讨好"的脚本，认为没有人会给你无缘无故的爱，并相信只有自己做到了什么或达成了某人的期待，自己才值得被爱和被认可。再比如，有的孩子很少得到家人的关注，一旦制造麻烦，就会引发大人的注意、批评甚至是责罚，但即使这样，也比总被当作空气感觉好得多。长大后，他很可能就会成为爱找麻烦、特别难对付的人。

其次，一个人的安抚风格会影响他的人际关系，从而进一步强化他的脚本。

例如，一个孩子小时候很少获得大人的安抚，很孤独。长大后，他也不习惯给别人安抚，别人给他安抚也会让他很不自在。于是，他总是回避需要与他人交换安抚的机会，躲在自己的世界。他的这种安抚风格使他更加相信自己就是那个孤独和喜欢孤独的人。再比如，一个孩子在成长的过程中学习到没有人会真正喜欢他、肯定他，形成了不要信任的脚本。长大后，尽管其他人真心给他安抚和认可，他也总会觉得对方只是客套、虚假地认可他，并再次告诉自己："没有人会发自内心地真正理解你、认可你或爱你。"

因此，人们如果不能识别出自己接受安抚的风格并勇敢突破它，就会一直强化自己的旧脚本，无法书写新脚本；也会因为不能积累足够的积极安抚而使自己的内心十分干涸、匮乏，缺失改写脚本的力量。

三、三个方面识别接受安抚的风格

我们可以怎样识别自己在接受安抚方面的风格呢？你可以从以下三个方面审视自己：

1. 你是否可以坦然接受别人给予的积极安抚，比如赞美？

当别人夸你穿衣好看或工作做得漂亮时，你会发自内心地感谢并愉快地接受，还是会躲躲闪闪，比如，不好意思地回复这件衣服就是促销时随便买的而已？

2. 你是否可以相信别人给予你的积极安抚是真诚的？

当别人给你表扬、称赞时，你相信他是发自内心地肯定你，还是觉得对方这样说只是出于礼貌，但其实并不是这么想的？如果你是后面这种情况，就是在接受安抚方面安装了"过滤器或打折器"，意思是你会自动屏蔽外界给你的积极信息或者降低积极信息的重要程度，从而屏蔽了外界给予你的滋养。

3. 你是否有把别人说的好话扭转为坏话的倾向呢？

例如，有人说：你今天穿得真美啊！这时，你不会觉得这是对方给你的称赞，而是想：我只有今天穿的好看，之前都很难看。如果你有这种表现，就是在接受安抚方面安装了"变形器"，意思是自动将外界的积极安抚转化为了消极安抚。

如果以上三种情况你都没有，而是能够信任并接受他人给予的积极安抚,那么,我相信你一定走在通往积极脚本结局的路上!如果你有其中一项或三项表现,那么,就需要勇敢突破它。突破的方法是把接收到的肯定和滋养真正放到心里,消化它并吸收它!这就好比你吃了一口美味的食物,以前因为怕胖,便吐出来了或者稀里糊涂地咽了下去,之后又几乎原封不动地排泄了出去。而现在,你需要真正咀嚼它、吃下它,让它的营养转化为你的能量。

/ 案例 /

小潘曾在一线城市某知名企业实习,虽然表现不错,但后来因为种种原因没有转正,之后回到家乡所在的小城市工作。在小城工作这段时间,同事、领导对她的工作非常满意。但她希望追求更好的发展,于是再次回到大城市。回到大城市后,她先在一家小机构任职,因为工作表现良好,她被朋友推荐到另一家知名企业。可是因为她的个性和理念与直属领导不合,她的工作热情越来越低,不满情绪越来越高,导致她的工作表现非常糟糕,领导对她相当不满。领导对她的负面评价勾起了她过往累积的很多失败感,她感觉自己糟糕至极,辜负了朋友的推荐,一度陷入了抑郁。

抑郁与"我不好，你好"的心理地位紧密相关。案例中的小潘，从小就从家庭中接受了很多负面评价，在她成长的过程中，总是受到"安抚过滤器"的影响。她经常认为别人给予她的积极评价是出自礼貌与客气，而不是自己真的好。相反，当接收到负面评价时，她会认为这才是真实的。因此，她总是关注自己获得的负面安抚，而不能吸收正面安抚。当她开始客观地认识到第一份工作没有转正，并不是因为她的能力问题，第三份工作的糟糕表现是源于工作内容与自己的价值观不符，以及当她开始吸收第一份工作中领导对她的认可、第二份工作中同事领导给她的赞扬、第三份工作中志同道合的同事给她的肯定时，她才慢慢发现并不是所有问题都在自己身上，自己其实没有那么糟糕。

在我之前的咨询和教学里，有人会说：我就是没法相信别人对我的肯定，怎么办呢？我的经验是，不相信他人的积极安抚的人，在对方给予积极反馈时，往往并没有看着对方，而是看着别处。或者，就算他的外在之眼看着对方，内在之眼也并没有真正看着对方。当我们不能真正看到他人，就会按照自己的人生剧情产生幻想，把发出信息的人想象成虚假、客套的样子。但如果他能真正看着信息发出者，就能真实地观察对方的表情、神态、动作、语气，从而做出真假判断。

因此，请张开你的眼睛、打开你的耳朵、放开你的心灵，不要用先入为主的想法与积极安抚隔离，而是去真正地观察。当你发现了对方的真诚，就感激地接受下来，把它放在心里，将它转化为一份珍贵的礼物和宝贵的力量。如果你不能放弃使用安抚过滤器、打折器或变形器，你的心就会像有个破洞，无论周围有多么美好的事情发生，都无法将它填满。相反，如果你愿意放下过往的陈旧剧情，愿意开始接受养分，那么，你不仅会从他人那里获得许多滋养，也能够从每天陪伴你的日月星光、风雨空气、树木花朵和可爱动物中获得许许多多的滋养。

本节练习：接受安抚

本节，我邀请大家完成的练习是接受积极安抚。

第一步，请回忆过去一段时间内，是否有人曾给过你积极安抚，但当时你有不好意思接受、不相信或者将其转换为消极安抚的表现。

第二步，再次回顾他人给你的这个积极安抚，并从中发现自己可以接受下来、让自己感觉良好的元素。例如，你的学生、下属或某位朋友说你是她永远的女神/男神，虽然你觉得有些夸张，但还是可以从中提取出让自己感觉良好的元素。比如，这说法虽然有些夸张,但表明对方是喜欢我的,我是一个容易让别人亲近的人,所以对方敢于和我说出这样的话等。

第三步,把自己提炼出的积极安抚记录下来。闭起眼睛,深呼吸,在心里默读并感觉它们和自己融为一体。

完成后,请记录下自己的感受。以下是学员的分享。

学员娥子

在我的生活里,以前我觉得自己像空气般不存在,可空气还能让人呼吸,我连空气都不如,是根本不应该存在的。不知为什么,我一直有这样的感觉,特别是当我觉得我在意的人不在意我时,这种感觉就会出来,特别难受。

学习心理学后要好些,知道是过去的经历对自己的影响。一遇到事情时,哪怕头脑知道又来了,这种没人要自己、讨厌自己的感觉就又出来,会很沉默,有时也会发怒,事后后悔。这个状况一直让我自责、内疚又无力。现在正在学习走出这样的困境。

今天同事说谢谢我,我第一反应是说谢啥,工作上支持是正常的。她说谢谢我告诉她修空调的师傅,把空调修好了,天热请了师傅不来,自己又搞不好,家人都烦,昨天一打电话师傅来了就处理好了,所以,谢谢我。我觉得不是我的功劳,是师傅的啊。现在想想其实我挺开心的,我主动提供的信息解决了同事家的问题，关心了他人，真好！

是的，为我主动关心他人，为他人提供信息解了燃眉之急而开心，接受这样的感谢！其实我是积极主动关心他人的。谢谢我自己，谢谢对我表达感谢的同事，让我看到自己的存在和主动性。

头脑里总有个声音在说，你没做好，没做好，还有人骂你呢，那么多人不满意你。之后就会屏蔽掉很多做好、做到的事，然后说：看，有什么了不起，连这个都做不好，差劲。即便领导表扬我，几分钟后我也会说，有什么好的，这也没做好，那里也不好，明明可以更好的，高兴不起来。不表扬时更是委屈一堆，抱怨一堆，过得很累。好也不行，不好也不行，真是难伺候！

今天的学习，想到同事的感谢，有点暖心！我也可以主动真心地服务他人，我也可以被看见，我也可以被听见，我也可以很重要。

学员 Henry. W

今天学习课程才知道，原来别人给我一个微笑，就是安抚了。我之前将安抚等同于安慰了，只用在缓解痛苦的场合。安抚是别人对我们的回应，有了回应，我们就确定了自己的存在。简而言之，被"看见"就是安抚。难怪说看见即是疗愈。

那么，视而不见就是冷暴力，我也更理解为什么冷暴力那么让人抓狂了，因为他直接无视你的存在了。

我回忆了一下，我发现我是不太习惯直接表露情感的沟通方式，直白的情感交流让我浑身不自在。我更习惯的是含蓄的传情达意，所谓心有灵犀一点通；悠然心会，妙处难与君说，往往更让我感到舒服，更有余味。

今天助教 S 在训练营同学群里转发了我的观察报告，并附上一句：宝藏观察者的贡献！然后"艾特"我。我看到消息时，跳出来的想法首先是：这是 S 的善意。但紧接着就是：这夸我的话，别的同学看了会不会有点想法。但其实这篇观察报告之前老师点评的时候就夸过了，是得到认可的。这么说吧，即便是一次大家公认的成功，但作为当事人的我，其实不太能享受成功的感觉。怎么描述这种状态，我特意查了一下"矜持"的含义：谨慎言行，拘谨而不自然。没错，我的感受是有点不自在。我不太能享受成功，因为心里总有个声音：没错，这次你是成功了，但也不要得意忘形，不然下一次你不成功的时候，别人会指指点点："看，上一次那得意的样子。"

类似的话我在读书的时候一点儿不陌生。老师写期末评语的套路都是这样。先写些好的，最后一转折，希望该生在哪些方面继续努力，取得更大进步。看到"希望"后面，就知道是不足，是缺点了。我印象中，做好一件事，总是不会得到纯粹的表扬，不会得到干干净净的就事论事。总怕我们经不起表扬，表扬多了我们就会骄傲，尾巴会翘上天。所以，他们总是不会忘记说，戒骄戒躁，争取取得更大进步。我们也习惯了耳提面命谆谆教诲，是要一直等到听到这句话才结束。所以，我体验到的表扬都是有条件的，都是带着诱惑的，好比引诱小孩吃药的方糖？

看到S的赞美，我没有"过滤器"，也没有"打折器"，就是不知道如何得体地回应。嗯，关键词就是这个"得体"，让我很纠结。我让她知道我有看到她的赞美，就评论了她发在群里的一张美图，然后"艾特"了她。但完全没有提观察报告的事。这期间还有其他同学发消息说看了报告很有收获之类的，但因为没有"艾特"我，我就都没有回应。我是怕站在聚光灯下？怕把其他同学比下去？我回想了一下群里其他同学在收获赞美的时候的反应，发现还是我想多了。她们就是大大方方地表达谢意。

所以，谢谢你们。

谢谢你们用心地阅读了这篇观察报告。

谢谢你们的反馈，让我照见了自己……

谢谢！

第三节　理解被动的内在机制，主动寻求改变

"被动"与"主动"相对应，是指只有外界要求时才会去做某事，而不是自发地去做；遇到问题时，不会去解决问题，而是回避或等待他人解决。如果我们不能摆脱被动状态，就会一直陷在自己不满意的脚本里。本节，我们将一起了解被动背后的机制和做出改变的方法。只有我们停止被动，转为主动，才能利用自身的力量从不满意的脚本中跳脱出来。

首先，我们来进行一个"主动 / 被动小测试"，看看你属于哪种类型？下文包含四个场景，请你根据自身的实际情况，判断自己的反应更接近 A 选项，还是 B 选项的描述。

场景 1：你在电梯间碰到了一个有点熟但又不太熟的同事，礼貌性地打了招呼后，你们进入电梯。电梯里只有你们两个人，且电梯运行时间比较久，如果谁都不说话，这段时间会比较尴尬。

此时你会：

A. 先开口找点话题打破沉默；

B. 不知说什么好，站着挨过去。

场景2：你进入了一个教室或会议室，里面已经有很多人了。你找了个地方坐下来，虽然开着空调，但你还是觉得房间有点热。

此时你会：

A. 站起来去调整空调的温度；

B. 和身边的人说或自己在心里说"好热啊"，然后希望有人能去处理。

场景3：你在公共场合看书，例如动车上或咖啡馆里，但旁边的人外放手机，非常吵，已经持续了一段时间。

此时你会：

A. 告诉旁边的人，他的声音有点大，请他戴上耳机；

B. 默默忍受，或者烦躁地翻书，弄出一些动静，希望对方能够意识到。

场景4：你近期的工作压力很大，手里已经有很多事情，但领导还在不停地布置新任务，你觉得吃不消。

此时你会：

A. 告知领导你的情况，请求领导或同事协助；
B. 先撑着，实在撑不住的时候再说。

在这四个场景里，你选择的 A 更多，还是 B 更多呢？如果选择的 A 更多，代表你更倾向于主动；如果 B 更多，代表你更倾向于被动。如果二者一样多，代表你两种特点都有，在一些情况下可能表现出主动，一些情况下可能表现出被动。

一、"被动"的 4 种行为表现

当我们处于被动状态时，会有四种行为表现[1]。

1. 什么都不做

这是最典型的被动行为，顾名思义，就是面对问题时，听之任之，不采取任何解决问题的行动。

例如，一对夫妻明明已经吵架吵到不欢而散，两个人心里都很不舒服，但没有人提出需要解决这个问题。从表面看，这次矛盾就像没有发生过一样，但双方内心其实都积累了不满。他们这样反应，就是对婚姻中存在的问题"什么都不做"。

---

[1] ［美］艾恩·斯图尔特，［美］范恩·琼斯：《今日 TA：人际沟通分析新论》，田宝等译，世界图书出版公司 2017 年版，第 227 页。

前面四个测试场景中,在电梯里想和对方聊点什么,但又什么都没说,会议室很热但又没有去处理空调的问题,都属于"什么都不做"的被动行为。

2.过度适应/过度顺从

顺从是别人让你做什么,你就做什么。而过度适应或过度顺从是甚至别人还没有说,你就会猜想对方期待你做什么,然后去做。

例如,你和几个朋友到其中一人家里聚会。吃过饭后,并没有人让你洗碗,但你觉得别人期待你洗碗。你不会和对方核实这到底是不是他的真实愿望,也不会考虑自己想不想洗碗,下意识地就会按照自己认为对方拥有的期待去做。

过度适应的人从表面来看相当主动,就像刚才提到的主动洗碗的人,但真实情况是他们处于自己担忧的"儿童自我状态",认为只有自己能够满足别人的期待,才能受到喜欢和认可。所以,他们表面看似主动,但其实并不是真正的主动。他们处于不安的儿童自我,在响应着自己头脑中父母自我的要求,因此也是被动的。因为过度适应的人看起来很主动,所以这种被动行为很难被发现。

3.烦躁不安

这是指遇到问题时,当事人不是积极有效地解决问题,而是表现得烦躁不安,比如不停地抖腿、一根接一根抽烟、来回踱步、不停咬指甲或者不停吃东西，从而希望别人意识到他们的烦躁，代替他们解决问题。在前面的测试场景中，面对有人在咖啡馆或动车上外放手机的情况，如果当事人不去直接表达自己的需要，而是不停不耐烦地翻书制造声响，就属于这种情况。

4. 失能或暴力

这是指一个人处于烦躁不安的状态，一段时间后，如果累积的负面能量不能得到恰当的消减和排解，最终会通过失能或暴力这两种极端的行为释放出来。失能指的是失去能力。例如，前面提到的工作压力太大的工作者，面对不断袭来的工作任务，开始时，他针对这个问题"什么都不做"，硬撑着；随着工作任务越来越多，他会越来越觉得领导不理解他，于是开始变得烦躁不安，经常对文具、文件摔摔打打；再进一步累积，就可能在某一天突然发烧或病倒，这就是失能。假如他终于受不了了，突然在某一天开始辱骂甚至攻击领导，就是暴力。

失能和暴力都属于被动行为，二者虽然截然不同，但其实处于同一水平。失能是人们无法有效解决问题，将积累的负面能量指向自己，对自己施暴；暴力是将积累的负向能量指向他人，对他人施暴。

以上就是四种被动行为，分别是：什么也不做，过度适应/过度顺从，烦躁不安，失能或暴力。通过四个场景的测试以及四种被动行为的讲解，你发现自己倾向于被动型吗？你觉察到自己最典型的被动行为是什么？

二、"被动"的背后：漠视

人们为什么会产生被动行为呢？其背后的机制是"漠视"。漠视在沟通分析理论中被定义为：下意识地忽略与解决问题相关的信息。漠视可以划分为很多类型，通常来说，在日常生活中，人们可能从以下四个层次产生漠视，从而处于被动状态。

1. 漠视问题的存在

这是最为严重的漠视。例如，在前面伴侣吵架的例子中，两个人明明已经越来越无话可说、越来越疏远，并且已经超过三个月没有过任何亲昵的行为了，但其中的一方或双方完全没有意识到。这种严重的漠视还常见于健康方面，甚至可能导致死亡。例如，有的女性胸部长了一个包，但她完全没有留意到身体的变化，所以没有采取任何措施，等她留意到时，这个包已经发展为乳腺癌。

2. 漠视问题的重要性

举例来说，前面这对无话可说的夫妻已经注意到彼此的疏远，以及很久没有亲密行为，但对自己说"夫妻都是这样的，这很正常"，这就是漠视了问题的重要性。再比如，有人长了口腔溃疡，几个月都没好。他对自己说："没事，不就是口腔溃疡嘛，没什么大惊小怪的。"他看到了口腔溃疡的存在，却漠视了口腔溃疡持续几个月不好的重要性，因而没有采取任何措施。一年多以后，持续的口腔溃疡最终被诊断为口腔癌。

3.漠视问题解决的可能性

绝大多数问题都是可以解决的，且不止有一种解决方案存在。但人们常常会认为除了现状，别无选择。例如，那对关系不好的夫妻，他们看到了问题的存在，也看到了问题的重要性，却说："没办法，我们只能处于这种没法沟通的状态呀。我们现在工作都很忙，除了工作还要带孩子，所以只能这样凑合。"其实，有很多方法可以解决他们的问题，例如，对于又要工作又要带孩子这个问题，双方可以在孩子上学时共同调休进行沟通；可以下班一起回家，利用路上的时间沟通；休息日时，可以把孩子送到邻居家玩或者带到亲子餐厅，这样，孩子有得玩，两人也有时间沟通。

遇到问题，很快就认为没有更好的解决方法，就是漠视了其他选择的存在以及问题解决的可能性。

4.漠视自己改变的能力

这是指一个人看到了问题的存在，看到了问题的重要性，也看到了其他选择的存在，但认为自己不具备执行其他选择的能力。我们还用那对夫妻举例。例如，丈夫说："我知道换一种沟通方式会有更好的沟通效果，但我脾气就是特别急，没办法。"再比如，一些子女期待父母改变一下说话方式，父母回应说："改什么改，我都土埋半截了，改不了！"这些情况就是当事人漠视了自己改变的能力，或者换句话说，不是"不能"改变，而是"不愿"改变。

以上便是被动行为背后四个层次的漠视，分别是：漠视问题的存在，漠视问题的重要性，漠视问题解决的可能性，以及漠视自己解决问题和做出改变的能力。其中，漠视问题的存在最为严重，因为它可能产生致命的危险。

针对我们遇到的问题，我们可以把漠视等级和被动行为结合起来，找到自己的"困难组合"：例如，我因为漠视了问题解决的可能性，所以对面对的问题什么都不做；我因为漠视了其他选择的存在，所以一直处于过度适应的状态；或者因为我漠视了自己改变的能力，所以一直都处于烦躁不安的状态，并且有时会对家人产生运用暴力等。

三、化漠视为重视，改写脚本线路

被动和漠视与不良的脚本之间有很紧密的关系。"漠视导致被动,被动导致消极的脚本结果"(漠视——被动——消极脚本结局)是很常见的脚本线路。例如,有些青年认为年轻就是资本,他们长期熬夜,胡吃海塞,身体逐渐出现了胸闷气短、浑身乏力等症状,有些人甚至长期低烧。其中,有的人完全没有留意到身体的这些变化;有的人则漠视了这些身体信号的重要性,认为自己还年轻,扛得住折腾,不会有什么太大的问题。因此,他们对改善身体健康状况表现得非常被动——"什么都不做"。即使身边的人提醒,他们也无动于衷,最后突发心脏病,轻者要经历重大手术,重者则一命呜呼,走向很遗憾的悲剧式脚本结局。

/ **案例** /

一位女士对自己的丈夫很失望,她发现丈夫和另一位女士关系暧昧,常常在微信上互动。妻子希望丈夫能和她说清楚,但她并没有主动表达这个需求,而是希望丈夫能够意识到自己的失望和伤心,来找自己谈清楚。丈夫感觉到了妻子的不开心,希望改善与妻子的关系。他下班后回家做饭、做家务,希望妻子高兴。可妻子觉得丈夫做这些都是徒劳的,因为没有说明关键问题。所以,她对丈夫的努力没有做任何回应。丈夫感到很失望，不愿再做更多努力。两人的关系降到冰点。

案例中的这对夫妻都有漠视和被动行为的存在。首先，妻子漠视了自己主动询问从而使自己的疑问获得解答这种可能性的存在。在她看来，只有对方主动告知，才能获得答案，如果自己主动询问，是不会得到答案的。因此，妻子表现的被动行为是"什么都不做"，等待对方解决问题。其次，丈夫漠视了妻子的真正需求，用"过度适应"的方式应对妻子的不开心，他自以为做饭、做家务是妻子对自己的期待，实而并非如此。再次，妻子漠视了丈夫为改善关系做出努力的重要性，继续用"什么都不做"的被动行为进行反应。最后，丈夫继续漠视关系中真正的问题，也开始用"什么都不做"的被动行为加以应对。如果他们的漠视和被动行为持续下去，恐怕最终会以婚姻失败收场，并可能强化伴侣就是让人失望的脚本信念。

那么，我们可以怎样建立"不漠视——主动——积极脚本结局"的线路呢？关键点就是化漠视为重视。

1. 重视自己不对劲的感觉

"不对劲"的感觉往往是在提醒你问题的存在。一位男士突然接到妻子的离婚通知，他非常惊讶，觉得我们还行呀，最近也没吵架，怎么突然就要离婚呢？事后，这位男士才回忆起，以前下班后他们还常常聊天，后来都各自玩手机了；以前邀请妻子看电影，她还挺有兴趣，后来就常说不想看了；以前放假，他们经常出去旅行，后来妻子就说别去了，省钱吧。当时，他感觉有点儿不对劲，但并没有深想到底出了什么问题。最后被妻子告知要离婚时一脸蒙。所以，只要你隐隐感到"不对劲"，就要对这种感觉产生重视，就要停下来想一想，是不是自己漠视了某些问题的存在。

2.重视建立"方法总比问题多"的信念

当你停止漠视，就会看到解决问题的丰富可能性。你听说过法国作家多米尼克·鲍比的故事吗？他中风后，除左眼皮肌肉外全身瘫痪，不能活动身体、不能说话、不能自主呼吸，只有一只眼睛可以动。他通过语音矫正师，找到了与助手交流的方法。他让助手把字母表上的字母一个一个念出来给他听，眨眼一次代表"是"，眨眼两次代表"否"。就这样，他通过一个一个字母，形成了一个一个单词；通过一个一个单词，又形成了一个一个句子；最后形成了一页一页文字，完成了《潜水钟与蝴蝶》这本书的写作。

因此，无论你面对的问题是什么，只要明确了希望达成的理想状态，然后不断问自己：我可以做什么，我还可以做什么……就一定可以找到方法！问一次不行，就问两次；问两次不行，就问三次、五次、十次。问自己不行，就问别人，直到找到答案为止。有些人羞于向他人求助，认为求助是软弱或给他人带来麻烦的表现。其实并非如此，求助是展示自己的行动力以及使他人因提供帮助而体验到价值感的最佳行为！

3. 重视建立"我可以改变"的信念

我们每个人都有很强的学习能力及可塑性。坚信自己不会改变，是对自己能力的漠视。生涯发展领域的社会学习理论认为当下的社会在快速变迁，只有不断拓展自己的技能、兴趣、信念、价值、工作习惯和个人素质，我们才能创造出幸福美满的生活。多年前我参加过华裔教授宗耀民的一场讲座。他分享的一个故事十几年来一直留在我的脑海中。他说，当年他被提名担任美国国家生涯发展协会的主席，但是他很犹豫。他从来没有做过此类工作，对自己的领导力毫无自信，于是想推掉这一提名。后来，他与生涯社会学习理论的创始人约翰·克伦博尔兹教授谈起此事。克伦博尔兹教授对他说"You've got to learn."（你需要去学习）。宗老师说这句话点醒了他——我们确实有很多东西当下都无法做到，但我们可以学习，我们可以发生改变。后来，宗老师成为美国国家生涯发展协会历史中第一位华裔主席。2019年，他获得该协会颁发的最高荣誉——终身成就奖。

那场讲座后，"你需要去学习"这句话就一直印刻在我的头脑中。在心理学的专业定义中，"学习"其实并非特指获得书本知识，而是指人或动物通过反复经验而产生的行为变化。无论何时，我们都可以学习，这也意味着我们永远都可以发生改变。每一刻都是崭新的一刻，每一刻我们都可以做出新尝试、新选择。也许你已经做出了一些改变，也许你改变后又掉了回去，没关系，你永远可以在下一刻继续创造自己想要的改变。

本节练习：化漠视为重视，化被动为主动

本节，我邀请你进行的练习主题是"化漠视为重视，化被动为主动"。

第一步，请找出一个对你来说很重要但还未解决的问题。什么方面都可以，越具体越好。例如，我睡得太晚；我不会和别人聊天；我不知道怎样与父母表达我的想法等。

第二步，针对这个问题，找到自己的"漠视＋被动行为"的困难组合。

第三步，根据对自己的困难组合的分析，列出3—5种新的解决方案，必要时向他人求助。最后，挑出目前来说最可行的一种解决方案。

完成后，回顾你的所思所感。以下是学员的分享。

学员闪闪

第一步：我不会表达自己的感受（尤其是负面的）。

第二步：我漠视了自己的感受，所以我有过度顺从的行为。当我对别人不满的时候，心里一万个不愿意，嘴上还是会同意或者接受，行动上也会去做。课程里关于主动洗碗的例子，其实主动洗碗的内在感受是：我很想吃完饭就去躺沙发，但是那样别人就会说我懒，只有我主动干活了，别人才会喜欢我，别人喜欢我，才不会抛弃我。这里既有对自己的苛责，又有被嫌弃的恐惧。

第三步：根据对困难组合的分析，列出3—5种解决方案。

1. 有不满情绪时，直接告诉对方，看到你做了××事，我生气了。

2. 感觉不对劲的时候，尊重自己的感觉，并向对方进行澄清。

3. 不强迫苛责自己，不必事事都安排妥当。

4. 表达自己的需求和感受，适当依赖，给别人照顾我的机会。

昨天早上已经实践过了第一种方案。男友把杂物堆得乱乱的，我拿东西时，吹风机掉到了地上。我跟他说"我很生气"。说第一遍的时候，他没有回应，我又说了第二遍"我刚刚说我很生气"。他抱了抱我说"哦哦，我把东西乱放，你就很生气是不是"，我说是的。这个过程中，我的感受是，原来我是可以说生气的，而且生气了对方也没有抛弃我。这是一个小冒险，也期待更多的冒险，变被动为主动。

学员Anita

第一步：十岁孩子厌学在家，情绪波动起伏，如何建立亲子关系的链接与鼓励孩子找回自我。

第二步：我漠视了心理健康的重要性，导致一直以来我只重视孩子的学习，在与孩子的情感沟通方面"什么也不做"。我面临着亲子关系急需重新恢复，重新获得孩子的信任的问题。由于没有和孩子一起学习，一起更新认知，所以孩子成长了并不断地在找寻自我，而我却没有足够的知识储备和心理储备来迎接孩子的成长。

第三步：新的解决方案

1. 放下焦虑，真正接纳孩子在家休整的事实，站在孩子的角度去思考目前的问题，去理解他的行为。

2. 给孩子更多的自由空间，不要像之前那种事无巨细、方方面面地督促，学会放手，让孩子自己去做、去体验。

3. 多一些有效陪伴，和孩子一起看他喜欢的书，喜欢的电影，喜欢的游戏，放下家长的架子，全身心投入地去和孩子一起，恢复亲子关系，重建信任。

4.认真阅读最近买的几本书籍，这段时间参加了两个学习营，刚好在同一档期，所以需要时间来慢慢消化。作为家庭的掌舵者，妈妈一定要强大起来，能接得住孩子的各种情绪。

最近陪孩子去玩了蹦床，一起在海绵场里扔海绵方块的时候，孩子说：妈妈，我觉得你现在特别像一个孩子！听起来很鼓舞，因为确实好多年以来，我都没有像孩子一样全身心地去和孩子互动，一直摆着父母的臭架子。所以，父母的每一个改变，包括语气表情，孩子都能够感受得到。继续加油！

第四节　慷慨给予安抚，创造良好的关系氛围

"刀子嘴，豆腐心"这句话我们都很熟悉。它最先出自作家浩然的长篇小说《艳阳天》，用来形容一个人说话尖酸刻薄，言语犀利，但实则内心柔软，心地善良。这是典型的内在感受和外在行为存在差异的情况。

接下来，我想先请你做一个有趣的小调查：看看对下面 ABCD 四类人，你最喜欢和哪类人相处，以及最不喜欢和哪类人相处，请你做一个排序。

A. 刀子嘴，豆腐心；　　B. 豆腐嘴，刀子心

C. 豆腐嘴，豆腐心；　　D. 刀子嘴，刀子心

你的结果是什么？

我把这个测试发到了朋友圈和微信群里，基于 221 人的数据调查结果显示，大约 2/3 的人最喜欢与"豆腐嘴，豆腐心"的人相处，把它排在第一位的占比 65%；之后是"刀子嘴，豆腐心"，61% 的人把它排在了第二位；然后是"刀子嘴，

刀子心"，最后是"豆腐嘴，刀子心"，大约各有一半的人把它们排在了第三和第四位。概括来说，人们最喜欢与"豆腐嘴，豆腐心"的人相处，其次是"刀子嘴，豆腐心"；最不喜欢与"豆腐嘴，刀子心"的人相处，其次是"刀子嘴，刀子心"。

对这个小调查的结果，你有什么想法吗？我认为从中可以提炼出三个发现：

1. 温柔的内心加温柔的表现是大多数人都喜欢的；

2. 如果对方知道你是善意的，即使你的行为表现不一定妥当，人们的接受程度也相对较高；

3. 刻薄的内心最不受欢迎，同时，表里不一，即刻薄的内心加虚假的温和表现是人们最不喜欢的。

你有没有想过，自己是以哪种方式对待身边的人呢？你对自己对待他人的方式满意吗？

一、4种人的脚本

营造健康良好的关系氛围，对于改写脚本来说也非常重要。任何人的脚本都不可能脱离自身所处的关系背景，一个人越能与他人建立融洽、亲密的关系，越有可能体验到满足感，同时也越有可能获得他人的支持，这样，他才越有可能实现赢家脚本。

下面,我们一起来看看上述四类人可能拥有怎样的脚本。

1."豆腐嘴、刀子心"的脚本

如果一个人用"豆腐嘴、刀子心"的方式对待他人,他的心理地位可能是"我好,你不好"或"我不好,你不好"。他自己是"好"的还是"不好"的不确定,但别人一定是"不好"的,所以他才要用刀子心来对付他们。但他可能又不希望产生过于直接的冲突对自己造成伤害,因此,嘴上要表现出对别人的喜爱和热情。这样的人属于伪善型,除非一直伪装,否则一旦被发现,就会遭到极大的排斥和厌恶,最终落得悲惨的结局。比如前两年的热播剧《延禧攻略》中黑化后的娴妃和纯妃都属于这种类型,还有《疯狂动物城》中的羊副市长。他们表面对人温和有礼、关爱有加,但内心对人心狠手辣,一旦被发现,就可能遭到唾弃、众叛亲离。

2."刀子嘴、刀子心"的脚本

如果一个人用"刀子嘴、刀子心"的方式对待他人,他的心理地位最有可能是"我好,你不好"。他的表达非常直接且自负。我看不上你,就赤裸裸地表现出来,不需要遮掩。因为太过狂傲,这类人通常非常容易树敌,最终可能因为遭到报复而不得善终。《延禧攻略》中的高贵妃就是这个结局。她到处对人赤裸裸地颐指气使,恶毒刻薄,最终被设计反杀惨死。不过，与前一类人的伪善相比，这个类型似乎更可爱一点儿。这是为什么观众在看到娴妃和纯妃黑化时，在视频弹幕上打趣地写下"想念高贵妃"。

3. "刀子嘴、豆腐心"的脚本

"刀子嘴、豆腐心"的人，虽然表达方式令人不舒服，但因为他们在本质上对他人是友善的，所以大家的接受程度比较高。例如，周星驰的电影《功夫》中的经典人物包租婆，她言语恶毒犀利，总是带着嘲讽的表情，说了很多挖苦讽刺人的话。比如，看见卖苦力的人背着东西走过，她就说："哼，这么有力气，活该你一辈子做苦力，欠我几个月房租，早上连个招呼都不打一声，累死你个王八蛋！"真是让人感觉十分刻薄。但是在后来的剧情中，人们发现她其实是性情泼辣，内心正义的武林高手，并靠狮吼功打败了六指琴魔。然后，大家对她的感觉开始反转。这类人一开始会遭到他人的厌恶，但一旦真实的内心被了解，反而会受到加倍的喜欢。不过问题在于，他如何才能让别人了解他的"豆腐心"呢？世界上绝大多数人都没有读心术，除了刀子嘴，他还需要有其他表达自己真情实感的渠道。否则，如果人们只能看到他的刀子嘴，没法感受到他的豆腐心，就只能因为他的恶劣表现而厌恶他。这类人要么会拥有评价反转的精彩故事，要么可能一生被误解。这很像在危险的边缘跳舞，倘若成功，非常惊艳；

倘若失败，非常悲惨。

4."豆腐嘴、豆腐心"的脚本

"豆腐嘴、豆腐心"意味着这个人的内在对他人是充满善意的，同时，也用一种善意的方式表达出来。这是一种内外一致的善意表达，我想这是为什么大多数人都喜欢这种表达方式。但并不是所有人都喜欢这种互动方式，主要原因在于这种表达可能出于两种心理地位：一种是当事人在"我好，你好"的心理地位上进行"豆腐心、豆腐嘴"的表达，这样，他既能肯定自己，又能肯定对方，十分具有感染力。另一种则可能是当事人在"我不好，你好"的心理地位上进行"豆腐嘴、豆腐心"的表达，此时，这种表达就有了迎合、讨好和奉承的意味了。如果"豆腐嘴、豆腐心"的表达不是出自迎合、讨好，而是真实的善意和认可，我相信，用这种方式表达的人一定能收获很多喜爱和肯定，有助于他发展并强化"我好，你好"的心理地位，从而更有可能获得成功和满意的脚本结局。

二、给予他人安抚的5个要点

在前文，我们提到过"安抚"这个概念。它指的是每一项认可他人存在的行为。每个人对安抚，特别是积极安抚的需要是贯穿一生的，我们需要不断获得他人的安抚才能维持心理健康，享受幸福的人生。你是如此，他人亦是如此。因此，学会接受来自他人的安抚很重要，学会给予他人安抚也很重要。一份关系的好坏，就在于你是否接受了足够多的积极安抚从而感到满足，以及你是否给出了足够多的积极安抚，让对方也感到满足。

之前我们讨论了接受安抚的方法。下面是给予安抚的方法，包含五个要点：

1. 要慷慨给予他人积极安抚，不要吝啬

有的人不情愿给别人安抚，觉得如果夸奖别人，似乎自己就掉价了。事实上，能够给别人积极安抚是自身有力量的表现。一个人越能够给予他人积极安抚，越能够在对方那里凸显出自己的力量和重要性。

2. 要及时给出安抚，不要让机会偷偷溜走

其实，很多时候我们都会产生对他人一闪而过的好的感觉。比如，你今早看到一位同事穿了一件特别好看的衣服，你觉得她显得格外漂亮；你看到一位朋友精神饱满，觉得她气色特别好；你老公转头对你说话的某一时刻，你觉得他特别帅，等等。但是，这些想法经常只是在你的脑中一闪而过，你并没有真正把这些好的感觉说出来告诉对方。读完这小节后，你可以试一试每当对谁产生了好的感觉，就提示自己一定停下来，把你感受到的感觉告诉对方。我敢保证，就这样

一个简单的操作，一定会让你的关系和生活获得意想不到的幸福感。每一个微小的积极安抚，都可能成为双方内心的一次重要疗愈。

3.给出的积极安抚一定要实际、真诚

当你给出积极安抚时，只有实际、真诚，才会使对方你相信你是真心实意地认可他。例如，"你今天换了一个鲜艳的口红，真精神""你这个报告写得条理特别清楚""你今天做的这个炖菜太入味了，太好吃了！"一定要避免给予不切实际的、夸大的棉花糖式安抚。例如，两个人从未见过面、除了简单聊过几句，再无交集，但一方称赞另一方集智慧与美貌一身、为人高尚、无人能及，就显得十分空泛虚假；如果一方表达通过和对方简短的沟通，感觉他很机智、很容易让人亲近，就贴切、真诚得多。另外，之前我也提醒过，给予他人负面安抚时，记得一定要给有条件的负面安抚，才不会给他人带来人身攻击的感觉。

4.非言语安抚也很重要

尤其是在伴侣、亲子等亲密关系中，一个喜爱的眼神，一个温暖的拥抱，一次充满理解的摸头、拍肩，一次逗对方开心的小恶作剧，也许可以胜过千言万语。

5.安抚就是安抚，不要加以利用

积极安抚之所以美好，正是因为它以正向的方式认可了一个人存在的价值。不要把积极安抚当成布置任务甚或是推脱责任的开场白。例如,"你的工作能力特别强,特别令人羡慕,这个任务就交给你了。"积极的安抚就是积极的安抚,只有保持它的真诚和纯粹,才有可能在关系中散发出治愈彼此的力量。

三、实现亲密

脚本理论所属的沟通分析流派,其助人目标之一是帮助人们实现"亲密"。该流派提出的亲密与通常意义上的亲密并不相同。它并不是指情侣、亲子等亲近的关系,也不是指发生性行为这种亲密的举动,而是指人们彼此之间坦诚的、不包含任何利用、可以直接分享感受和需要、可以自由地给予和接受的内心靠近的状态。因此,亲密可以发生于瞬间并且可以在任何两个人之间发生。例如,你戴了一副很有趣的眼镜,在超市结账时,收银员看了你一眼,真心地给你了一个大大的微笑。这时,你也看到了他,并发自内心地回应给他一个大大的微笑。这一刻,你们看到并认可了彼此的存在,共享了一个快乐的瞬间。在这一瞬间,你们体验到的就是亲密。再比如,在你的工作单位,有一个你不喜欢的同事,但有一天开会时,有人讲了一个特别好笑的笑话,你俩都大笑起来。有一刻,你们正好对视了一下。那一刻,你们都为这个笑话发自内心地开怀大笑,尽管你们并不互相喜欢,但在那一刻,你们因为产生了共鸣、共享了快乐而体验到了亲密。

亲密的感受是双方极其真诚地交换了一次安抚,那一刻,你们彼此的存在被对方深深地看见。人们在所谓的亲密关系(如亲子、伴侣)中,并不一定拥有亲密的感受。只有彼此能够真诚地相互安抚时,才有可能体验到一个一个亲密的瞬间。而只有创造出许许多多亲密的瞬间,才有可能真正串联起拥有亲密感的亲密关系。

/ 案例 /

一位女士与丈夫关系很僵,两人经常相互指责,相互抱怨,十几年来几乎总是如此。两个人早已感觉婚姻没有意思,走不下去了,更别提有亲密感了。这位女士经过学习,做了一件很小但很重要的事,为他们的婚姻带来了转机。一个周末,她带孩子出去上课,丈夫在家做饭。她和丈夫说下午要早点出门,但回来后发现丈夫还在厨房忙活,她出门的时间要被耽误了。之前,她的批判型父母状态总是最先跳出来,开始对丈夫一通指责。但这一次,她叫停了自己,想到自己出门晚一点也没有太大关系，丈夫做饭也很不容易、很辛苦，他做得慢是因为他做得细致，想让自己和孩子吃得好一点。她及时平复了自己的情绪并把这份理解说了出来，丈夫很欣慰、很开心。原来经常大吵一架、摔门而去的局面变成了平静而又有点温情的午餐时光，他们体验到了久违的亲密。

案例中的这对夫妻之前的关系之所以那么糟糕，正是因为他们彼此都没有给予对方充分的安抚。双方都处于安抚匮乏的状态，因此总是相互抱怨、指责。当他们双方都愿意做出改变，能够互相给予并接受对方的积极安抚，亲密的感觉很快就会形成。回到脚本来看，如果我们每个人都能学会给予他人积极的安抚，那么，我们就更有可能帮助彼此弥补曾经缺失的爱，修复内心，重写积极的脚本。相反，如果我们每个人都因为自己的伤痛，停止给予他人安抚，那么，我们所处的关系的河流就会越来越干涸，每个人只会感到越来越匮乏。因此，改写脚本不仅仅意味着从外界获得滋养，也意味着我们愿意给出滋养。

本节练习：给予安抚

本节，我邀请你进行的练习是给予他人积极安抚。

第一步，请根据本节的内容，反思自己在给予他人安抚方面的风格是什么。例如，我是"刀子嘴、豆腐心"，还是"豆腐嘴、豆腐心"？我对他人能够慷慨给予安抚吗？我能及时把自己对他人的好的感觉告知对方吗？我善于给别人真诚的安抚，还是棉花糖式夸张的安抚？我擅长给他人言语安抚，还是非言语安抚？

第二步，基于你的反思，完成在给予安抚方面的一次小挑战。比如，对你平时很少给予安抚的人，给予一次慷慨的积极安抚；再比如，如果你平时比较擅长言语安抚，今天挑战给予一次非言语安抚。

第三步，把你的反思、尝试的内容与感受记录下来。

以下是学员的分享。

学员 Tong

我觉得我是刀子嘴、豆腐心，在往豆腐嘴、豆腐心的方向努力。我觉得大多数情况下我不太好意思把自己真实的好感告诉对方，或者有些过于生硬客套。

我今天的挑战是主动联系了喜欢的男孩子，并向他请教了职场的一些问题（他已经工作四年了），然后我表达了真诚的感谢和对他职场经历的欣赏。

我之前有点患得患失，觉得他不主动找我，我就不想联系他。但今天职场遇到一些压力，第一时间就想找他分享请教，他很真诚地给了我很多建议，然后还帮我一起计划未来跳槽的步骤，甚至帮我宽慰疑虑和说想办法帮我内推。还说了如果方便来找我玩儿。我也真诚表达了对他的感谢和崇拜。我觉得这种感觉非常好，以前觉得自己主动很掉价，所以不敢，经常患得患失。相反，这次自己主动获得了对方的正向安抚，同时自己也积极安抚了别人，觉得两个人更靠近了，自己也避开了患得患失的感觉。还发现有的男孩子其实就是不主动，但是只要我有问题他随时都在。

后续发展：我们在一起了！在交往过程中，我继续运用在认识时学到的真诚表达自己的想法和感受，同样也引导对方表达自己的真实感受。我们结束了异地恋，一起跳槽到想去的城市，并在一起克服了许多生活的困难。

学员秦艺菲

我对不熟悉的人（一般人）是豆腐嘴、豆腐心，对熟人（家人）是刀子嘴、豆腐心。对于他人，不能慷慨给予安抚，不能及时把好的感觉告知对方，但是我会给他人真诚的安抚。

言语和非言语安抚都不多，相对来说，言语安抚会多一点。

以前经常批评我家先生，说他这不好、那不对。学习后，我尝试夸他一次。刚开始，他以为我哪里有病，神经出问题了。后来夸得多了，他知道是真的了。每次一夸他，他都满脸笑容，昂首挺胸的。

其实人人需要被赞美、被肯定、被欣赏、被认可，看到他被我夸得满脸笑容、昂首挺胸，我也很开心。那一刻感觉很幸福，或许这就是互相滋养吧。学习的感觉挺好的，继续！

第五节　发现优势，利用优势，实现自我重塑

你能够生存下来，并且能够在此刻坐着、站着或躺着看书，说明你的脚本中已经有足够强大的东西支撑着你，使你在这困难的地球生活中存活了下来。很多时候，我们更容易看到自己的问题，而漠视了自己的资源。本节，我将带你探索你的脚本中潜藏的优势。我们会一起打卡四个站点。每到一站，你都可以看看在自己身上发现了什么宝藏。接下来，就开启脚本的探宝之旅吧！

一、第一站：家族的"精神遗产"

我们每个人都不是凭空而来的。我们是家族树上的一个枝桠。也许你喜欢你的家族，也许你不喜欢，或者你喜欢一部分，不喜欢一部分，不管怎样，你的身上都带有家族的印记。

假如你喜欢并认同你的家族，你是幸运的，能够从家族

这棵大树上汲取很多能量;假如你不喜欢或不认同你的家族,你仍旧可以从这棵大树上吸取一部分你想要的、对你有帮助的能量。你是家族的延续,你的存在就是家族之树成功的证明。这棵巨树从诞生之日成功延续到了今天,除了自然的生命力,你的祖辈也一定给后辈传递了有利于他们生存下去的精神遗产。

现在,请你想想自己的家族,包括你在内至少三代人,有谁在你心中是传奇人物或力量人物吗?你可以从下面三个方面思考:

1.你的家族中是否有谁在事业上或家庭生活中特别成功,是你敬佩的榜样人物?

2.有没有谁曾给过你一些建议或忠告,或者对你说过某些话,对你一生的发展特别有用或让你有拥有力量?

3.家族中有没有谁给了你特别的爱,即使很多人对你不好、不理解你,但这个人愿意保护你、相信你、支持你?

在我过往的工作中发现,即使是拥有很多创伤的人,在他们的成长过程中依然存在保护性因素。

例如,有的孩子的父母一直在吵架,一直在控制他,甚至虐待他,但是他的外婆总能理解他、认可他。再比如,有的孩子非常怯懦,但在离家读书前恰好见到了一位泼辣的姑妈,这位姑妈告诉她一个人出门在外与他人和谐相处很重要,但勇敢表达自己的想法，不委屈自己也很重要。于是，这个孩子获得了一件护身法宝，在未来的日子里，很多时候都敢于说出自己的真实感受，不让自己受委屈。有的孩子看到妈妈下班后还利用晚上的时间不断学习，提升自己的专业技能；有的孩子知道自己奶奶经历了很多苦难，即使有的孩子病死了，自己也差点病死，但也顽强地活了过来，依旧乐观而坚韧地活着。她们成为他的榜样，激励他不断拼搏。还有的孩子在出生前爷爷就过世了，但他听说了爷爷曾经为国为民的故事，爷爷成了他心中的英雄，他为自己是英雄的后代而自豪、自勉。还有的孩子出生于非常普通的家庭，但他知道某个亲戚获得了博士学位，虽然他很少和这个亲戚来往，但亲戚的经历让他看到了自己更多的可能性……

所有这些都是你从家族中获得的礼物和养料。家族是我们出生后接触的第一个系统，既然你生存了下来，就一定有某些积极的东西存在。那么，你从自己的家族之树上获得了哪些礼物和养料呢？

二、第二站：环境的"许可信息"

第一篇提到的12种禁止信息是艾瑞克·伯恩的学生鲍勃和玛丽·葛丁通过临床经验，总结出的人们从父母或重要他人那里感知到的禁令。除了禁令，我们也会从父母或重要他人对待我们的方式中，感受到"许可"。这12条禁止信息，每一条都拥有反过来的许可信息。例如，在你小时候，父母看你的眼神经常是笑眯眯的，每次你从幼儿园回来，父母都特别开心地迎接你。你感到父母喜欢你，也喜欢和你在一起，那么，你就可能获得"可以存在""可以重要"的许可。再比如，你的父母经常拥抱你，你也经常拥抱他们。无论遇到开心或不开心的事，你都可以和他们说，他们彼此也会交流想法和感受，那么，你就可能获得"可以亲密"的许可。再比如，父母经常会询问你对家里的一些事情的意见，倾听你的想法，把你作为家庭中重要的一分子，那么，你就可能获得"可以重要""可以归属""可以思考""可以长大"的许可。你每次取得了不错的成绩，就算你不是最优秀的，父母也为你开心、称赞你、为你庆祝，那么，你就可能获得"可以成功"的许可……

有时，我们并不能从家中获得这些许可信息，但可以从身边其他重要他人那里获得。例如，很多人都曾说自己遇到过好老师，这一位或几位老师对他的喜爱、重视、尊重，让他感到自己是一个很棒的人。那么，这个孩子就可能从老师那里获得了"可以重要""可以成功"的许可。

许可信息还可能来自好朋友和伴侣。例如，在你的一位闺密那里，你永远是她朋友榜上的 NO 1.，你们可以分享自己的失败，也可以分享彼此的得意，你们无话不说，从不担心对方会否定或嫉妒自己，那么，你就从她这里获得"可以重要""可以亲密""可以成功"的许可信息。

许可是宝贵的，它意味着我们允许自己享有满意的脚本结局。接下来，请你反思自己拥有的许可信息。当你将眼光从原生家庭扩展到老师、朋友、伴侣等新系统时，你发现自己已经拥有了什么呢？你可以在下面的表格中对各项许可进行等级评分。每一条许可的满分为 10 分，你可以在适合自己的数字上画圈，评估自己在哪些条目上已经获得了较好的许可。

需要说明的是，真正的许可不会给人带来困扰，因为它不与任何强迫相联系。真正的许可只包含允许，就好像持有驾照。持有驾照并不意味着你必须开车，而是你愿意开就可以开，不愿意开就可以不开。因此，如果在亲子关系或伴侣关系中，有人说：你倒是说你的感受呀，我都给你许可了，你怎么还不说呢？早知就不给你了！那么，这是强迫，并不是真正的许可。

三、第三站：驱力中蕴藏的"做事风格"

在第一章，我们介绍了人们用以对抗脚本禁令的五种驱力，分别是：（1）要坚强；（2）要完美；（3）要讨好；（4）要努力；（5）要赶快。这五种驱力虽然为我们的价值设定了条件，并不断驱使我们，但其中确实隐藏着我们每个人具有优势的做事风格。这些不同的风格促使我们在工作中有不同的优势表现。具体来说：

许可分析单

（1）可以存在　　1 2 3 4 5 6 7 8 9 10
（2）可以健康　　1 2 3 4 5 6 7 8 9 10
（3）可以重要　　1 2 3 4 5 6 7 8 9 10
（4）可以归属　　1 2 3 4 5 6 7 8 9 10
（5）可以亲密　　1 2 3 4 5 6 7 8 9 10
（6）可以做自己　1 2 3 4 5 6 7 8 9 10
（7）可以成功　　1 2 3 4 5 6 7 8 9 10
（8）可以长大　　1 2 3 4 5 6 7 8 9 10
（9）可以做小孩　1 2 3 4 5 6 7 8 9 10
（10）可以思考　　1 2 3 4 5 6 7 8 9 10
（11）可以感受　　1 2 3 4 5 6 7 8 9 10
（12）可以行动　　1 2 3 4 5 6 7 8 9 10

"要坚强"的人能够承受很多压力，善于保持冷静与稳定，具有强烈的责任心，即使遇到不喜欢的任务，也能稳定、靠谱地完成。

"要完美"的人奉行"做一件事，就要做好"的理念，要求各种工作细节必须准确、到位，不论内容、格式、创意都会尽善尽美。

"要讨好"（作为做事风格，"取悦"比"讨好"是更恰当的表达方式）的人是非常好的团队成员，他们喜欢和别人在一起，真诚地对别人感兴趣，喜欢了解别人的喜好，并愿意满足别人，非常有助于团体的和谐。

"要努力"的人在工作和学习中十分勤奋，他们常常可以把很多精力投入任务中，展现很高的热情。

"要赶快"的人会用最短的时间完成任务，并且会不断寻找最高效完成任务的方法，他们擅长并享受同时做很多事的状态。

当然，每种风格的人也都有其不足。例如，"要取悦"的人可能因为过于注重和谐，而缺乏原则；"要赶快"的人可能因为过于注重效率，而忽略准确性；"要完美"的人可能因为太看重细节完美，而不能遵守时间进程；"要坚强"的人可能因为过于希望展示强大而隐藏弱点；"要努力"的人，可能因为太过投入，而过早消耗完精力，善始不善终。但是，正是我们每个人鲜明的风格及其这种风格带来的优势，使我们在一个团体中具有不可替代性。

如果你能够把"风格"和"驱力"区分开，将十分有利于你的心理健康，即知道努力、坚强、完美、赶快、取悦他人只是自己做事的原则和方法，而不是自身是否具有价值的评判标准。当"风格"转化为"驱力"时，这些优势就会转变为束缚的枷锁。

这5种风格我们每个人身上可能都有，但其中1—2种最典型。你发现自己的优势风格了吗？

四、第四站：早年直觉性"生活智慧"

最后一站，我们回到你的脚本故事，看看你出生后，最早学会的生活智慧是什么。

我们幼年时反复倾听的故事中包含了我们的愿望、恐惧、疑问，或对自己和他人的态度[①]。但即使是在最恶劣的情况下形成的脚本，只要孩子能够想到对付故事中的魔鬼的方法，

---

① English F. What shall I do tomorrow? Reconceptualizing transactional analysis. In Bames G. (Ed.), *Transactional analysis after Eric Berne: Teachings and practices of three TA schools*. New York: Harper's College Press.1977, pp. 287 – 347.

其中也包含着人生有所成就的部分。这个对付魔鬼、取得成功的方法，就是我们最早形成的生活智慧，它也可能是我们一生向积极的方向发展的核心推动力。

在我生活的北方地区，有一个口耳相传的故事，音译过来名叫《孟冬冬和廖吊吊》（两个小朋友的名字）。这个故事有点儿吓人，但小时候的我们经常要求大人一讲再讲，并听得津津有味。不知在你的家乡是否也流传着类似的故事。

这个故事的大意是孟冬冬和廖吊吊是两兄弟，老大孟冬冬很瘦小，但很聪明；老二廖吊吊很胖，有点傻。有一天，他们的妈妈被妖怪吃掉了。之后，妖怪变成了妈妈的样子来到他们家里。晚上，妖怪变成的妈妈说："谁胖谁挨娘，谁瘦谁靠墙。"目的是让胖孩子靠近，方便吃掉他。廖吊吊一听妈妈这么说，不管三七二十一就嚷嚷着："我胖我挨娘"，而孟冬冬觉得这个妈妈有些奇怪，正好他想靠着墙睡。半夜，胖胖的廖吊吊果然被吃掉了。孟冬冬听到了声音，确认这是妖怪，第二天设计打死了她，并活了下来。

以前，我一直觉得这个故事有些残忍和恐怖，也经常从负面的角度来解读这个故事。例如，这个故事暗示孩子不能信任身边的人，不要靠近权威人物等。但如果从的积极视角来看，这个故事中也包含了在不确定的事情面前，要善于观察、保持清醒和冷静、避免头脑发热的冲动行为的重要生活智慧。

再比如，有人最早听到且印象深刻的故事是小马过河。这个故事的大意是小马想过河，但是牛说河水很浅，松鼠说河水很深，小马不知道该怎么办。小马的妈妈告诉他：你自己试试就知道了。后来小马亲自尝试后发现水不深，也不浅。这个故事对这位朋友来说，意义非常明显。虽然她在长大后经常遇到困惑和迷茫，但在她内心深处总有一个不言自明的智慧，就是需要不断亲身尝试才知道事物的最终答案。

接下来，请你探索隐藏在自己幼年听过的故事中的生活智慧。请你想一个7岁前听过且印象深刻的故事，以童谣、童话、歌曲等形式展现的故事都可以，而且越早越好。想好后，尝试剖析故事中蕴含的、对你后续发展起到积极作用的生活智慧。如果你想不出什么故事，可以想假如现在你要给四岁的孩子讲一个故事，你会讲什么？然后再分析这个故事中包含的生活智慧。需要注意的是，故事不能是发生在自己身上的真实事件，必须是你听来的故事。

到这里，我们就完成了本节课的四站打卡。首先，我们探索了家族带给你的精神遗产；其次，我们探索了你从家人或重要他人那里获得的许可信息；再次，我们探索了你的优势风格；最后，我们探索了隐藏在你最早听过的故事中的生活智慧。当你从消极的视角转换到积极的视角分析自己的脚本时，你的感受有什么不同吗？物理学家爱因斯坦曾说："每个人都是天才。但如果你用爬树的能力评价一条鱼，它将终其一生感觉自己是个笨蛋。"如果我们总是用别人可以做到的事来衡量自己，就总会觉得自己不够好。只有我们能够真正看到自己的成长环境对自己的深刻影响，并看到每一个阶段的我们已经做出了当时能够做到的最好努力，才能深深地理解自己，对自己慈悲。而只有你能从积极的视角理解和热爱每个阶段的自己，才能发现我们每个人都已经是自己人生的"天才"，形成"我是好的"的牢固信念，从而相信自己配得上幸福、美好的脚本结局。

本节练习：提取脚本优势

本节我邀请你进行的练习主题是"提取脚本中既存的优势"。

第一步，通过今天在四个站点的打卡，列出你发现的自己脚本中的优势。

第二步，回忆最近一段时间发生的让自己体验到成就感的事件。这个成就感不一定要特别高，事件不一定要特别大，相对觉得自己做得比较好就可以。然后，看看其中是否体现了你上一步分析出来的优势呢？

第三步，写下你最喜欢的一句格言或谚语。如果没有，就现场创造一句。这句格言或谚语体现了此刻你向人生下一幕发展的内心直觉性智慧。

以下是学员的分享。

学员李声慢

第一站：家族的精神遗产

姥爷是老一辈中国坦克专家，多年参与中国军工武器的研发，他参与研发的兵器多次在国庆阅兵仪式上展演。他治学态度严谨，工作资料保密度极高，连最亲的人都不让看一眼。他儒雅幽默的为人，对待老婆和女儿温柔的风度，都让我觉得这真是一位可敬可爱的长辈，让我特别想拥有一位像他一样的爱人。

爷爷是小山村出身逆袭成为大城市里高级电力工程师的绝佳榜样。爸爸、叔叔、姑姑从小以他为目标，一直在追赶但从未超越他。爷爷特别有文采，虽然自己从事理工类型的工作，但他身上颇有文人墨客的气质，退休后常常通过生活有感而发地写诗，是才学兼备的老人。爷爷代表爸爸一脉的家人，他们特别有家族意识，兄弟姐妹非常团结，虽然某些处事风格是我无法认同的，但是这股凝聚的力量还是给了我很大的归属感。

第二站：成长环境中的许可信息（满分 10 分）

可以存在 3 分　偶尔也会被评价："要是没有你，我们早就离婚了。"

可以重要 8 分　你是爸爸妈妈最重要的人，也是今生最珍贵、最重大的成就。

可以成功 7 分　妈妈相信你，我闺女是最优秀的。

可以健康 5 分　保护好自己。

可以归属 7 分　爸爸妈妈永远在你身后。

可以亲密 6 分　经常拥抱和表达关爱。

可以思考 4 分　偶尔会被指责：别想那么多了。

可以感受 7 分　妈妈明白，按照你自己的感受来；爸爸知道，心情好最重要。

可以行动 8 分　决定好了就去做吧，不用害怕。

可以长大 7 分　婚后离家，父母给了我充分的自主选择和后备支持。

可以做小孩 9 分　你永远是爸妈的宝宝，在爸妈这里你最重要。

可以做自己 4 分　偶尔会被指责：你不该这样，你应该怎样怎样。

第三站：做事风格

"要努力"最高,第二名是"要讨好","要坚强"最低。"要努力"的风格源自我的家庭,从小爸爸就一直用爷爷逆袭改变命运的故事教导我必须努力,一定努力,等等。

第四站:早期生活智慧

小时候爸爸给我看过一本他最喜欢的小说《假如还有明天》,讲述了一个天真浪漫的姑娘被爱人陷害偷盗宝石入狱,在狱中她受尽了同监狱人的凌辱和折磨。但就在她关禁闭期间,她回想起年少时父亲教给她的冥想和功夫。回到牢房后,她用自己的智慧制服了室友,并让大家对她肃然起敬。就此她展开了复仇之路,不仅通过法律严惩了渣男,还真的将宝石偷走,最终变成亿万富翁,路上还收获了爱情。这个故事我读过之后也非常喜欢,它告诉我在人生的任何情形下都要冷静对待,战胜困难的力量本就藏在自己心里。

今天中午我接到了一通电话,电话那头通知我月初报名参与的动漫配音大赛已经进入复赛了。这件事情不算特别大,但给了我很多成就感。对应我的做事风格:"要努力"。我的确在提交参赛作品时反复录制了很多次,不停揣摩主人公当时说话的重音、速度、呼吸、脚步和情绪,让自己完全融入。当然,参与这类比赛以及保留着配音这项兴趣离不开家里人的支持和赞许。母亲一直鼓励我追寻自己喜欢的事情,她从来不阻止我看小说、做主持、做配音,尽管这些都无法支持我的事业和学业，但是她鼓励我感受不同经历带来的不同体验，支持我展示自己的才艺，等等，这些都让我变得自信和愉快。

从前我的格言是《乱世佳人》中斯嘉丽含着泪说的那句：Tomorrow is another day（明天又是新的一天。）但经过这段时间的学习，我突然觉得，不想再将希望寄托于明天，突然想起自己特别喜欢《泰坦尼克号》里面，杰克对罗斯说的那句："Make each day count."（让每一天都有所值！）年轻的生命就应该潇洒肆意地活着，与其想着明天又是新的一天，不如就珍惜当下，就从今天、这一刻开始。

学员娥子

今天学习用积极的视角分析、理解各个阶段的自己。在我心里，是家庭的打骂，奶奶、妈妈成长中的不幸造成了我的创伤，悲观的性格。今天老师说从不同的角度去看，在消极中找到积极的部分，也是，虽然我从小自认为活得惨，奶奶的妈妈、兄弟姐妹在她三岁时都去世了，奶奶的第一个孩子17天就去世了，妈妈又是个受气包，我三个月的妹妹在我三岁多时窒息去世，所以这个家在我心里有很多压抑住的哀伤，互相攻击。现在去看，奶奶即便有很多不幸，可生活中她是个能说会道、很坚强的强者，是家里的主心骨。妈妈虽然总不想活，可还是为我和弟弟一直活着，她们是爱我们的吧，只是给出的爱不一定是我要的而已。爷爷很温和，即使发脾气我也不怕他，大概是小时候给过我最多温暖的人。说到这儿很感动。还有我的小学、中学、高中老师，都记得我、喜欢我，大概因为我是懂事、学习好的孩子。可惜后来我学习越来越差，很愧对老师们，可他们对我的好和关心永远在心里。现在还有一位朋友，总是给我无私的关怀和鼓励。遇到困难时身边总会有朋友支持我。想到这些，我是一个从不缺爱的人，而平时我总认为自己很惨、很倒霉，今天却发现即使遇到很多不开心，我身边从不缺支持陪伴我的人，感恩他们的存在。

其实说到最近成功的事，是我的女儿。因各种原因，孩子有半年没上学，仍顺利地中学毕业。现在放假她开始在家上网课，准备开始高中的学习了。这个过程中我身边就一直有朋友、老师支持着我，我自己也一直在这个过程中自省学习，看到孩子的变化和有了学习的动力，我是有成就感的。只是不知为什么，目前我又开始恐惧，好像过去对待孩子、对待家人的旧习性老要冒出来。回想这半年我真的做得很好了，加油，继续学习允许、放下！

想到一句话：你可以犯错，可以从错误中学习！

第六节 走出情绪黑洞,区分脚本世界与现实世界

首先,我们一起回顾一部电影。这部电影的上映时间虽然已经有些久远了,但是由于它讲述的故事太过精彩,至今仍被奉为经典。

这部电影就是1999年上映的著名科幻片《The Matrix》(《黑客帝国》)。很多人可能都看过这部电影,它描述的是一个科技水平已经发展到极致的世界。在这个世界中,每个人的大脑都通过一根管子连接到Matrix,也就是母体上。母体是一台超级计算机,它可以通过运算向人类的大脑传递各种各样的电子信号,从而制造出一个虚拟的美好世界。换句话说,凡是大脑连接在母体上的人,就会立刻进入这个虚拟世界,并把这个虚拟世界感受为现实世界。他们可以感受到高楼大厦、公共交通、各种美食、各种人际圈子,也可以感受到自己在这个世界每天上下班,拥有各种喜怒哀乐。总之,他们"感觉"自己活在一个现实的世界里,但实际情况

是人类已被机器控制，每个人都是连接在母体上被机器饲养和奴役的人。在这种情况下，剧中的男主角得到了一红一蓝两颗药丸。吃下蓝色药丸，意味着他可以继续生活在母体编译的美好世界里，继续做着白领的工作，每天上班下班，甚至还可以谈上一场轰轰烈烈、刻骨铭心的恋爱；而吃下红色药丸则意味着他要拔掉头上与母体链接的管道，从虚拟世界中走出来，进入现实世界，摆脱母体的控制，看到人类已经被机器奴役的现状并开始对抗。男主角面临着选择。

影片的大致剧情先介绍到这里。你可能好奇，这部影片和我们所谈的脚本及改写脚本有什么关系呢？答案是这部影片对虚拟和现实的关系的描述，很像我们接下来要讨论的脚本世界与现实世界的关系。

一、脚本世界与现实世界

通过前文我们已经知道，人生脚本是基于我们童年的选择和决定而形成的人生计划，这个计划被后续发生的事件不断证明其合理性，最终导致某种已经选择好的结局。接下来，我们先一起来看一个名为笑笑的女孩的脚本。

/ 案例 /

笑笑小时候很孤独，缺乏父母的关注和陪伴，她曾经抗争过，但除了被父母责骂，什么改变也没有发生。于是，她形成了"我没有价值，没有人关心我，我的人生注定失败又孤独"这样的脚本信念。在之后的成长过程中，笑笑会格外记住那些自己受到忽视，没有人关心她的事件，从而不断强化自己的脚本信念。再后来，即使朋友和同事都很关注她、认可她，她也会通过"安抚过滤器"，把这一切都漠视掉，继续强化她曾经的脚本信念：我不值得爱，没有人会真正关心我，我注定会失败又孤独。

这个简短的故事就能体现出笑笑生活的两个世界：一个是现实世界，意思是此时此地的真实世界；一个是脚本世界，艾瑞克·伯恩把它定义为脚本上演时被扭曲的世界，也是我们的"儿童自我"生活的世界。

如果笑笑能够处于现实世界，就会看到她有三五个关系不错的朋友，还有一个很爱她的男朋友，即使他们偶尔会吵架，但男朋友还是很关心她的。她也在努力成长，逐渐成为越来越有能力的女人，可以处理工作中的很多问题，也能够学会处理关系中的很多矛盾。但是，一旦她遭遇了误解或不公平的对待，尤其在她压力很大或者身体很疲惫时，外在的环境刺激就会触动她的情绪开关，使她一下进入脚本世界，体验到一种熟悉的感觉：我被世界抛弃了，没有人爱我，没有人关心我，我非常可怜，我的未来也是一片灰暗。这时，笑笑就仿佛成了《黑客帝国》中的人物，原本处于现实世界，突然大脑连上了一根管子，一下子就进入了脚本世界。

如果笑笑的"成人自我"足够强大，经过平静和休息，她很快就能从脚本世界，即"儿童自我"的世界中走出来，看到自己虽然有不愉快的经历，但生活中还有很多美好和值得期待的东西，自己能够克服困难、解决问题，充满希望地生活下去。但如果她的"成人自我"不够强大，就会把两个世界相混淆，把脚本世界错当为现实世界，以为脚本世界中的结局（失败和孤独）就是自己在现实世界的结局，然后感到恐惧或忧伤。

当听到很多人哭诉自己的可怜、不幸和对未来的悲惨预期时，我一方面会为他经历过的伤痛而感到难过和遗憾；另一方面，也会坚信这并不是故事的全部。这只是他进入悲惨的脚本世界后信以为真的感受，当他走出脚本世界，就会发现一切都与此不同。

脚本可以分为积极的脚本（赢家脚本）、中性的脚本（非赢家脚本）、消极的脚本（输家脚本）。积极的脚本包含很多许可，具有很强的灵活性，拥有令人满意的脚本结局。消极脚本则包含很多禁止，具有很强的僵化性，并且拥有令人遗憾的脚本结局（在实际应用中，当人们谈到脚本时，往往指输家和非赢家脚本）。随着对脚本的深入探索，如果你发现自己的脚本其实很积极，或者没有原来想象得这么糟糕，又或者发现自己已经在慢慢改变，这都是重要而可喜的发现，是值得庆祝的！

二、跳出脚本世界

处于消极的脚本是什么感受呢？简单来说，就是有一种熟悉的糟糕感，仿佛被一种熟悉的负面感觉所笼罩。伯恩曾用"瓶子"做过比喻，他说：如果有人愿意改变脚本，他的墓志铭一定更鼓舞人心。几乎所有虔诚的墓志铭都可以被火星人翻译为"出生在瓶子里，并一直待在其中"。墓地中一排排十字架下长眠着具有相同座右铭的人。不过，时不时会有惊喜："出生在瓶中，但我跳出来了。"[①]

能够跳出脚本世界并不容易，曾经有人做过这样的描述：处于脚本世界时，我感觉很难受，就好像穿了一件不合身的衣服，但脱掉这件衣服太危险了，会感觉像在世界里裸

---

① ［美］艾瑞克·伯恩：《人生脚本：改写命运、走向治愈的人际沟通分析》，周司丽译，中国轻工业出版社2021版，第183页。

奔。因此，待在脚本世界虽然让人不舒服，但至少它是熟悉的，对当事人具有一定的保护作用。而离开脚本世界进入现实世界则像失去了铠甲，让人觉得陌生而脆弱。这正是为什么有人的实际生活明明已经过得很好，但仍旧害怕放松的原因——他的身体虽然生活在现实世界，但头脑和内心还生活在脚本世界。他看不到现实世界中曾经遭遇过的危险已经不复存在了。时间已经往前流动，而他还停留在过去。在脚本世界里，他要时刻保持警惕，做好随时失望的准备。他怕如果放下了铠甲，危险来临时自己会不堪一击。

如果你想走出脚本世界，可以一点一点尝试，慢慢走出来。不要想着一下摆脱，过猛的跳脱会使人感觉像一下子被扒掉了旧衣服，但又没有新衣服可穿，这种感觉十分恐怖。因此，我们可以穿上一件新衣服，丢掉一件旧衣服；再穿上一件新衣服，再丢掉一件旧衣服……如此往复，经过一段时间的积累，整个人就会焕然一新了。这时，也意味着你经过一点一滴的努力，终于走出了脚本世界，扎实地进入现实世界了。

之前做过脚本工作的人这样描述过自己的感受，她说：整个过程可以用"翻天覆地"来形容。两年前感觉自己特别封闭，害怕很多事情，看不到很多可能性。现在感觉自己随时可以整装出发，对自己、对未来有了更强的控制感。脚本世界就像思维和情感的牢笼，虽然待在其中并不舒适，但会让人有安全感。但是当我们跳出来，就会发现真实的世界不但没有那么危险，而且还很精彩！

三、三方面"去污染"

在脚本工作中，能够区分脚本世界与现实世界十分重要。我们将这个工作称作"去污染"。当一个人处于"污染"状态时，他会把"儿童自我"生活的、过去的世界错当成当下的真实世界。

当一个人完成"去污染"后，就可以清晰地区分这两个世界，并在很大程度上获得对自己的命运的掌控感，而非感觉自己注定会走向某种既定的悲惨结局。一个人的污染程度较低时，可以通过成长过程中自然发生的事件、接受培训、看书、与朋友交流等方式完成去污染；但污染程度较高时，就需要通过专业的心理咨询或心理治疗完成去污染。

在日常生活中，你可以通过以下三方面内容，加强区分脚本世界和现实世界的能力：

1. 认清自己的"情绪黑洞"

"情绪黑洞"是自己状态不好时，常常会掉入的熟悉感觉或熟悉剧情里。例如，某人每次被否定、被误解或者没有获得自己想要的支持时,都会感觉非常难过、伤心,觉得没有人可以依靠,想要离开这些伤害自己的人;然后,他会觉得可能永远没有人能真的懂自己,自己最终的人生会非常孤独、可怜,什么都得不到。这种反复出现的感觉和剧情就是他的情绪黑洞,即脚本世界。另外,需要注意的是,人们每多进入一次情绪黑洞,黑洞给他的感觉就会比上一次更加黑暗。

2. 熟悉"成人状态"的感觉

当我们处于成人自我状态时,能够理智地看待自己面对的问题,不仅能看到问题的难点,也能看到解决问题的资源,同时能谨记自己想达成的目标或状态,不断探索解决问题的方法。虽然也会遭遇挫败和打击,产生不舒服的感受,但是不会像掉到情绪黑洞那样,完全被糟糕的情绪压倒。

3. 学会走出脚本世界

如果熟悉的糟糕情绪和糟糕剧情已经启动,你可以采取以下三个步骤帮助自己更快地走出脚本世界,回到当下的现实世界:

(1)提醒自己,糟糕的感觉只是提示自己进入熟悉的脚本世界而已,不代表脚本世界就是自己的全部世界;

(2)允许自己感觉糟糕一会儿,但同时大力提醒自己,"方法总比问题多",一定可以找到解决问题的方法;

（3）通过回忆自己脚本中的优势、回忆过去接受过的积极安抚、主动寻求他人的积极安抚、给予自己积极安抚、利用幽默等方式（主要是能够抚慰受伤的"儿童自我"的方式），唤醒自己积极的情绪体验和人生剧情，从而替换消极的剧情并抚平消极的感受。

帮助自己走出脚本世界的三个步骤是建立在前两方面（认清自己的"情绪黑洞"、熟悉"成人状态"的感觉）的基础上的。前两方面做得越好，越容易走出脚本世界。脚本世界早已不是我们当下的现实，现在的你已经具备足够的能力穿越它了！

本节练习：探索情绪黑洞

本节，我邀请你进行练习是探索自己的"情绪黑洞"。

第一步，请回想每当你状态不好时，常常会掉入怎样的熟悉感觉或熟悉剧情里。当你处于这个情绪黑洞时，会对自己、他人以及自己的人生有怎样的感受和想法？情绪黑洞中熟悉的感觉和剧情就是你的脚本世界。

第二步，假如洞中有一把梯子，可以帮助你走出这个情绪黑洞。你觉得自己现在可以灵活地从梯子上爬出去吗？

第三章 放下执念，创造全新的人生脚本 .. 221

如果你可以非常灵活地出去是 100 分，你现在能达到多少分呢？告诉自己：随着自己对这个黑洞越来越熟悉以及自己爬梯子的技能越来越熟练，自己可以灵活出入黑洞。

第三步，探索黑洞之外的世界，并描述这是一个怎样的世界。你期待自己在这个世界怎样表现、怎样与别人互动以及拥有怎样的体验和感受呢？

以下是学员的分享。

学员 Henry. W

自己状态不好时，我感受最多的是焦虑。焦虑背后的核心情绪应该是恐惧。处在情绪黑洞时，自我价值感特别低，"我完了""我不好"的声音成了我的背景音。

如果非常灵活地就可以出去是 100 分，我现在能达到 70 分。首先是对自己、对情绪有了更多的了解，不抗拒情绪，不害怕情绪。其次是掌握了一些与负面情绪相处的方法。主要是与身体的联结加强了，以前都是发展头脑的智慧，现在也开始发展身体的智慧。练习正念之后，对身体感受的接纳程度提高了。最后，在和情绪相处方面，积累了越来越多的成功经验。

第三步：黑洞之外的世界，借用鲁米的诗来描述就是：
有一片田野，它位于

是非对错的界域之外。
我在那里等你。

当灵魂躺卧在那片青草地上时，
世界的丰盛，远超出能言的范围。
观念、言语，甚至像"你我"这样的语句，
都变得毫无意义可言。

Out beyond ideas of wrong doing
and right doing there is a field.
I'll meet you there.

When the soul lies down in that grass
the world is too full to talk about.

在这个世界里，我做真实的自己，做自由的自己。

学员舒言

当我掉入情绪黑洞时，我会陷入自我怀疑，什么都不想做，或只是想想却不行动。然后自我厌倦，陷入重复的循环之中。对别人,我会觉得没有人能帮助我,也没有人能懂我的心,不愿意和别人接触。对人生会感到失望,可能会抱有一丝丝的期待,却抵不过身处黑暗的内心活动。

如果非常灵活地走出情绪黑洞是 100 分,我现在能达到 61 分。感觉自己很容易陷入一种情绪或情景中,很极端地沉迷其中,只有经历一个大的外在和内在转变才会改变现状。但我又觉得我总会在合适的时机爬出情绪黑洞的。所以在不断磨炼的过程中,我告诉自己:"随着我的成长,那个黑洞已经无法束缚我,我知道真正制约我的只有我的内心,所以我可以明确地意识到并展开行动,升级过往的经验。我可以灵活出入黑洞。"

黑洞外的世界可能是缤纷的世界,是充满未知的,有很多线交织在一起的世界,会有不同颜色、不同个性的灵魂,也会碰撞交织出不一样的故事,互相有所羁绊和牵扯。我期待自己可以不断成长,无论路途如何,就是享受、跳脱出恐惧,活得更加潇洒,和更多人碰撞出更多火花,尝试更多,经历更多,感受酸甜苦辣。找到内在的力量,活在当下。

第七节　重视微小的改变，做新脚本的创作者

一、迷你脚本

本节是本书的最后一个主题"迷你脚本"。迷你脚本是什么意思？

伯恩曾在书中进行过如下阐述[①]：在整个人生脚本的大框架内（如巨大的失望导致的自杀），脚本在每一年重复（如由失望造成的抑郁），也可能在每年的每个月中重复（如经期失望），或者以更小的规模每天重复，或者更加微小，每小时重复。有时，仅仅是几秒钟时间就可以展现"患者的人生故事"。例如，小海的脚本是认为自己是个很懒惰的人，最终会一事无成。他在几分钟甚或几秒钟内就可以把这个剧情上演一遍。例如，某天他打算早早起来学英语，但一不小

[①] ［美］艾瑞克·伯恩：《人生脚本：改写命运、走向治愈的人际沟通分析》，周司丽译，中国轻工业出版社2021版，第317页。

心睡过了头。睁开眼睛看到时间的那一刻,他就在心里对自己说:我真是太懒了,我又失败了,我最终肯定一事无成。早上这几分钟就仿佛一个脚本小剧场,把他一生的缩影展示了出来。

这个小剧场每星期可能上演几次。比如,他在朋友圈关注了一个身材很棒的朋友,他既想看到对方的好身材,又不想看到。想看到是因为很欣赏对方,希望了解美好的事物,不想看到是因为他的照片总会提醒自己臃肿肥胖的肚子。有一天,他在浏览朋友圈时,猛然看到了这位朋友发的好身材,于是他开始感觉糟糕,在头脑内再一次对自己说:我真是太懒了,想减肥总减不下来,总是失败,最终我肯定一事无成。就这样,他又一次快速上演了自己的脚本剧情。

迷你脚本可以进一步细分为破坏性迷你脚本和建设性迷你脚本两种类型[①]。

1. 破坏性迷你脚本

破坏性迷你脚本的历程一般如下:

首先,人们对自己强加要求(即驱力)。例如,认为我必须勤奋努力才是好的、有价值的;我必须做到完美才是好的、有价值的;我必须让别人喜欢我,才是好的、有价值的;

---

① Taibi Kahler & Hedges Capers, The Miniscript, Transactional Analysis Journal,1974(4):1, 26–42.

我必须强大、能独立解决一切问题，我必须拥有旋风速度、雷厉风行才是好的、有价值的。当他开始这样强求自己时，如果能够做到，就一切顺利，他的自我感觉也很好；一旦做不到，问题就会产生，他会开始强烈地否定自己。令人遗憾的现实是，这些条件或标准总会有做不到的时候。例如，就算一个人使尽浑身解数让他人喜欢自己，但总会遇到一个或几个对他无感，甚至不喜欢他的人。

当人们达不到自己为自己的价值设置的条件和标准时，就会进入第二个阶段，感受到禁止信息带来的失落与挫败。例如，他一旦检测到有人不喜欢自己，就会体验到自己是不重要的、不成功的消极感受。

接着，当事人要么会进入叛逆儿童状态，开始变得愤怒，通过指责、犯错、拖延等方式进行报复；要么就会进入绝望状态，开始感受孤单、不被需要、不被爱、没有价值、被胁迫、无助等感受。进入报复状态的人，最终也会以绝望收尾。

破坏性迷你脚本，从一个人开始给自己的价值强加条件开始，就仿佛打开了一扇通往地下室的门，越走越黑暗。

2.建设性迷你脚本

建设性迷你脚本的历程一般如下：

首先，人们给予自己很多滋养的、来自养育型父母的外在声音。例如，你可以犯错，你可以不完美，你不必讨好每个人，你不需要匆匆忙忙，你可以慢慢来。

接着，他被束缚的"儿童自我"就会感受到"我可以"的前进力量。他的自由儿童会得到释放，放下愤怒、怨恨或自以为是，确认自己和他人都是"好的"。

最后，进入赞叹人生的感受中，充满了力量感、满足感、喜悦感、兴奋感，并能够觉察到新选择。

在每一时刻，人们要么处于建设性的迷你脚本中，要么处于破坏性的迷你脚本中。你觉得现在的你，从时间使用来说，有多少比例是处于建设性迷你脚本，又有多少比例是处于破坏性迷你脚本呢？如果你处于建设性迷你脚本的比例已经在不断提高，那么，毫无疑问，你已经走在建构积极脚本的路上了。

二、累积建设性迷你脚本

迷你脚本这个概念对改写人生脚本来说非常有用。我们回到前面打算早起学习但最后起晚了的小海的例子上。假如，某天早上，他打算七点起来学习，但一睁眼已经九点了。此刻，如果他开始自我批评，批评自己一点都不努力，太懒了，接下来，破坏性迷你脚本序列就会启动：他会开始否定自己的价值，然后，可能开始仇恨自己、仇恨他人（例如，骂自己是个废物，骂别人给自己带来太大压力）。最后，发展到相信自己是没有希望的失败者这个绝望的阶段。通过这个序列，他在几分钟或几秒内就累积并强化了一次消极脚本。但如果他在睁开眼看到九点的一刻，转换迷你脚本类型，对自己说："我起晚了，这证明我需要更多休息，没关系，我从现在开始学习也可以。"那么，接下来，建设性迷你脚本序列就会启动：他不带情绪地迅速起床，因为经过了充分的休息，所以学习效率非常高。最后，他可能会惊讶地发现，虽然晚起了两个小时，但事情并没有因此耽误多少，该做的都做完了，不仅身心愉悦，还很有成就感。这样，他在很短时间内就完成了一次建设性迷你脚本的循环，积累并强化了一次积极的脚本。

改变整个人生是一项巨大的工程，很多时候都给人一种无从下手的感觉。但是，当你能够一次次将破坏性迷你脚本扭转为建设性迷你脚本时，随着知识与阅历的累积，你的整个人生脚本自然就得到改写了。

英文中有一句话叫作"less is more"，翻译过来是"少即是多"。很多时候，希望立刻做出巨大改变，基本都是"欲速而不达"。相反，你如果能够从一点一滴的细微处着手改变，累积起来转头回望时，就会发现自己已经登上了高山。

/ 案例 /

小北是一位天资聪颖的男生，从小就是同辈群体中的佼佼者。进入一所好的大学后，因为遭遇挫折，情绪低落，一蹶不振。后来虽然勉强毕业，但并没有像其他同学一样继续深造或找到很光彩的工作。他持续陷在负面情绪中，觉得自己原本拿着一手好牌，却被自己打得超烂。看着身边的同学取得了一个又一个成绩，他感到越来越焦虑，希望自己尽快振作起来，赶上他们。因为自己已经颓废了几年，现在他更希望自己尽快做出改变，逆风翻盘。可是，现实是他越努力，对自己越失望！他质问自己为什么不能每天去健身？为什么不能坚持吃健康食物？为什么不能控制自己不熬夜、不发脾气……随着一次次失望，他感受到了越来越多的绝望。他觉得自己这一生可能都无药可救了。

案例中的小北因为状态不好，蹉跎了几年岁月。当他看到朋友的成绩时，焦虑促使他强迫自己要更快、更完美地好起来。一旦要快和要完美的驱力启动，具有破坏性的迷你脚本便启动了。每当他不能坚持健身、不能控制饮食、又一次熬夜、又一次发脾气时，破坏性迷你脚本便一次又一次地运行着，他的生活状态也随之越来越糟。最终，当他学会允许自己慢下来，允许自己犯错，允许自己不与他人比较，允许自己从小处着手改变时，建设性迷你脚本启动了。随着一次次微小的建设性迷你脚本的运行，光亮终于重新回到他的生活中，他感觉自己逐步冲破了之前的停滞与黑暗，生活终于朝积极的方向发展了。

三、养成"赢"的惯性

也许有些人会好奇，那我要累积多少成功，才能拥有赢家脚本呢？这里，我向大家介绍一下浙江大学胡海岚教授团队关于"逆袭的小老鼠"的研究，也许你会获得一些启发。

有一只名叫豆豆的小老鼠，是一笼四鼠中地位最低的老鼠。当研究者把两只小鼠按照头对头的方向放到一个狭长的管道里，出于领地占领意识，两只小鼠都会往前冲。它们会在管子内部相互推挤，最终等级地位低的老鼠会主动退出或被等级地位高的老鼠推出管子。

接着，研究者刺激豆豆的大脑前额叶皮层细胞（与推挤相关的大脑区域）。戏剧性的一幕发生了，豆豆变得自信而英勇，发出了更多推挤行为，并且能够坚持得更久，最终将等级较高的小鼠推出了管子，在这场竞争中成功翻盘！

之后，研究者继续对这些小鼠的行为进行了仔细的分析。她们发现，如果重复对豆豆的前额叶进行刺激，帮它赢得竞争中的胜利，当次数多于 6 次时，这只等级较低的小鼠豆豆即使不依赖外界激发，也能够自行一路拼杀，直至成为最高等级的小鼠，并将战果维持下去。因此，研究者得出了一个结论：重复胜利的经历，可能对小鼠的大脑产生了长期的改变。

据说泰森出狱后再次赢得金腰带也是使用了和豆豆取胜类似的方法。他曾经辉煌一时，但后来锒铛入狱。出狱后意志被消磨的他怎样夺回曾经的荣耀呢？据说，泰森的经纪人巧妙地为他安排了两场比赛。对手的实力都远远弱于泰森，泰森不出所料地赢得了这两场比赛。后来，泰森战胜了强大的对手，再次夺得了金腰带。胡海岚教授团队的研究结果提示人们，在相对简单的较量中获胜的经历，有助于重塑相关的脑环路（即通俗意义所说增强了自信心），之后才能提高在与困难的较量中获胜的可能性。

现在，你能更好地理解我们为什么要从小处着手，从迷你脚本开始改变了吗？微小的改变才有更高的成功可能性，而连续的成功才会让我们拥有"赢"的惯性，创造出赢家脚本（在书的最后，希望你还记得脚本中"赢"的概念，并非指战胜他人，而指实现个人目标）。

本节练习：创造建设性迷你脚本

本节，我邀请你进行的练习主题是"创造建设性迷你脚本"。

第一步，回顾在你的日常生活中，建设性迷你脚本和破坏性迷你脚本所占比例各有百分之多少。

第二步，回顾之前的经验，写出一个自己常常会上演的破坏性迷你脚本。

破坏性迷你脚本的剧情走向通常为：（1）对自己提出强制性要求，如果你不怎么样，你就是不好的（比如，如果你不努力、完美，就是不好的）；（2）达不到强制性要求时，感到自我否定；（3）叛逆儿童可能跳出来开始实施报复（例如，攻击他人"你到处都是问题，还要求我做到完美?!"）；（4）陷入绝望状态，感受孤单、不被需要、不被爱、没有价值、被胁迫、无助等。

第三步，将对自己的强制性要求更改为给自己滋养性的允许，将这个常常上演的破坏性迷你脚本改写为建设性迷你脚本。建设性迷你脚本的剧情走向通常为：（1）给自己允许；（2）被束缚的儿童自我感到被允许，从而获得前进的力量；（3）自由儿童得到释放，确认"我好，你好"的心理地位；（4）获得赞叹人生的感受，充满力量感、满足感、喜悦感、兴奋感，并能够觉察到新选择。

完成改写后，看看两种剧情带给你什么感受与思考。以下是学员的分享。

学员燕子

建设性迷你脚本60%，破坏性迷你脚本40%。

常上演的破坏性脚本：1.如果你连早上送孩子上幼儿园都搞不定，你就不是一个好妈妈，你就没能力，你就是不好的。2.我没做到让孩子早上好好配合我，觉得很失落、挫败。3.我已经很努力在做了，是家人没有给我助力。4.我很没用，搞不定孩子，我什么都做不好。

转换迷你脚本：1.你不必做到事事完美，孩子善良、有礼貌、有爱心，她有这么多优秀品质，每个孩子的花期不同，允许孩子、允许自己慢慢来。2.你一直坚持学习，找寻解决方案，你是一个智慧的妈妈。3.找准方向，持续不断去做，一定会越来越好的！

改写后有一种元气满满的感觉，大胆地向前走吧，身体会有记忆的，走过的每一步都算数。

学员闪闪

破坏性迷你脚本占我日常生活中的比例为40%，建设性迷你脚本占60%。

我的破坏性迷你脚本是：当我跟男友聊天，他没有积极回应我时，我会觉得自己是不是说错话了，他是不是不爱我了，于是陷入与其被抛弃，不如先抛弃他的想法，就开始冷漠对待，感觉自己很孤单，不被爱，没有价值。

我修改后的建设性迷你脚本是：当我和男友聊天，他没有积极回应我时，想他可能在忙，在处理自己的事情，也可能是有其他的情绪，并不一定是自己说错了话。如果我要确认他是不是不爱我了，可以跟他求证，不需要自己想象，我的价值不建立在他是否积极回应上。

建设性迷你脚本促使我们的关系走得更近，而且可以更了解对方，破坏性迷你脚本只会把人推得更远。

接下来的目标是将养育型父母外在的声音内化：闪闪，你可以犯错、可以不完美、不必讨好每个人、不必急急忙忙、可以说错话、可以变老。释放被束缚的"自由儿童"。放下怨恨和自以为是，相信自己和他人都是好的。进入赞叹人生的感受中，充满力量感、满足感、兴奋感、喜悦感，并能够觉察到新选择。重复胜利的经历，给自己新的经验。

本章小结

现在,你阅读到了本书的结尾。感谢你与我一起完成了一趟自我探索与转变的旅程。你还记得你打开这本书时的状态吗?你还记得是什么样的力量推动你阅读了这本书吗?你还记得那时自己的期待吗?翻至首页,你还记得自己当时的感受吗?

在之前的章节中,我们一起学习了什么是人生脚本,并认识到人生脚本的重要性。之后,我们探索了六个脚本发展阶段,以及在六个阶段需要发展的六项能力:存在、行动、思考、认同、精熟、整合。成功获得这六项能力是发展出良好脚本的必要条件。如果这六项能力在脚本第一轮发展中没有发展完善也没有关系,我们可以在后续发展中弥补它们、重启它们。本章,我们分别探讨了如何将头脑中负面的声音替换为滋养的声音,如何接受来自他人的积极安抚,如何给予他人积极安抚,如何消除漠视、化被动为主动,如何发现自己脚本中的既存优势,如何区分脚本世界与现实世界,以及如何将破坏性迷你脚本转化为建设性迷你脚本。这些内容可以帮助你积极地利用自身及身边的资源,在当下所处的现实世界建构新的、健康的脚本,而非在过去的旧脚本中不断挣扎、纠缠。

现在，本书即将结束，你对自己的学习还满意吗？你对自己的理解加深了吗？你有了一些让自己感觉良好的收获吗？三章的阅读也许无法带来翻天覆地的改变，但如果你增加了对自己的脚本的认识，收集了改写脚本的能量，或者已经开始做出一些不同的行为，那么，就请你给自己点个大大的赞！改变的过程并不容易，每一步前进都需要花费巨大的努力。热爱自己、支持自己、欣赏自己才能帮助自己走更长、更远的路。

最后，我邀请大家一起完成本书的最后一个练习——为自己祝福。

请闭起眼睛，想象自己处于鲜花锦簇的一片草地。接下来，你会收到来自四个方向的祝福。

首先，请想象从南方来了一只动物，它可能是一只可爱的兔子，也可能是一只充满力量的熊，或者一只翱翔的鹰。请根据自己的感觉，感受这是什么动物，它给你送来什么祝福？

其次，想象从西方飘来一株植物，它可能是一枝花，一棵树，也可能一丛草。请根据自己的感觉，感受它是什么植物，给你送来什么祝福？

接着，想象从北方滚来一块石头，它可能是一颗圆润的鹅卵石，一块锋利的岩石，也可能是一颗亮闪闪的水晶。请根据自己的感觉，感受它是什么样的石头，给你送来什么祝福？

最后，想象从东方走来一个人，他可能是你的家人，你的朋友，也可能是一个陌生人。请根据自己的感觉，感受他是谁，给你送来什么祝福？

你可以把四个方向的祝福填到下面的表格里。然后，把四个方向的祝福合而为一，充满感激地放在心里，让它们转化为你的力量。

再会，亲爱的朋友们。愿我们还有下一次机会，在茫茫人海再次相遇！

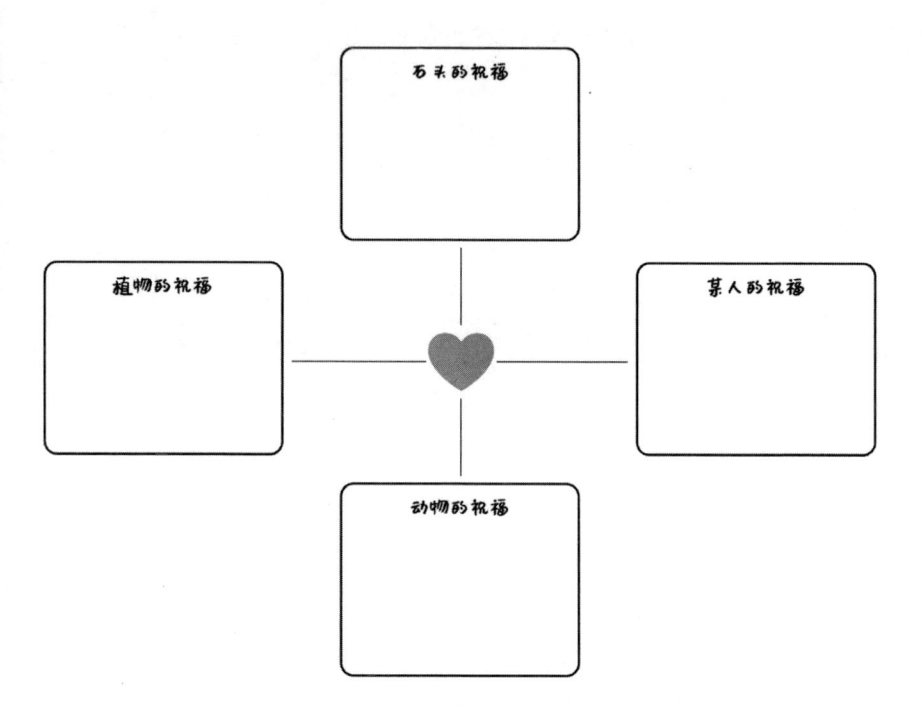

	石头的祝福	
植物的祝福	♥	某人的祝福
	动物的祝福	